日汉工程机械型号名谱

中国工程机械学会　编

张玉洁　译

上海科学技术出版社

编 委 会

序

　　土石方工程、流动起重装卸工程、人货升降输送工程和各种建筑工程综合机械化施工以及同上述相关的工业生产过程的机械化作业所需的机械设备统称为工程机械。工程机械应用范围极广,大致涉及如下领域: ① 交通运输基础设施; ② 能源领域工程; ③ 原材料领域工程; ④ 农林基础设施; ⑤ 水利工程; ⑥ 城市工程; ⑦ 环境保护工程; ⑧ 国防工程。

　　工程机械行业的发展历程大致可分为以下 6 个阶段。

　　第一阶段(1949 年前):工程机械最早应用于抗日战争时期滇缅公路建设。

　　第二阶段(1949—1960 年):我国实施第一个和第二个五年计划,156 项工程建设需要大量工程机械,国内筹建了一批以维修为主、生产为辅的中小型工程机械企业,没有建立专业化的工程机械制造厂,没有统一的管理与规划,高等学校也未设立真正意义上的工程机械专业或学科,相关科研机构也没有建立。各主管部委虽然设立了一些管理机构,但这些机构分散且规模很小。此期间全行业的职工人数仅 2 万余人,生产企业仅二十余家,总产值 2.8 亿元人民币。

　　第三阶段(1961—1978 年):国务院和中央军委决定在第一机械工业部成立工程机械工业局(五局),并于 1961 年 4 月 24 日正式成立,由此对工程机械行业的发展进行统一规划,形成了独立的制造体系。此外,高等学校设立了工程机械专业以培养相应人才,并成立了独立的研究所以制定全行业的标准化和技术情报交流体系。在此期间,全行业职工人数达 34 万余人,全国工程机械专业厂和兼并厂达 380 多家,固定资产 35 亿元人民币,工业总产值 18.8 亿元人民币,毛利润 4.6 亿元人民币。

　　第四阶段(1979—1998 年):这一时期工程机械管理机构经过几次大的变动,主要生产厂下放至各省、市、地区管理,改革开放的实行也促进了民营企业的发展。在此期间,全行业固定资产总额 210 亿元

人民币,净值 140 亿元人民币,有 1 000 多家厂商,销售总额 350 亿元人民币。

第五阶段(1999—2012 年):此阶段工程机械行业发展很快,成绩显著。全国有 1 400 多家厂商、主机厂 710 家,11 家企业入选世界工程机械 50 强,30 多家企业在 A 股和 H 股上市,销售总额已超过美国、德国、日本,位居世界第一,2012 年总产值近 5 000 亿元人民币。

第六阶段(2012 年至今):在此期间国家进行了经济结构调整,工程机械行业的发展速度也有所变化,总体稳中有进。在经历了一段不景气的时期之后,随着我国"一带一路"倡议的实施和国内城乡建设的需要,将会迎来新的发展时期,完成由工程机械制造大国向工程机械制造强国的转变。

随着经济发展的需要,我国的工程机械行业逐渐发展壮大,由原来的以进口为主转向出口为主。1999 年至 2010 年期间,工程机械的进口额从 15.5 亿美元增长到 84 亿美元,而出口的变化更大,从 6.89 亿美元增长到 103.4 亿美元,2015 年达到近 200 亿美元。我国的工程机械已经出口到世界 200 多个国家和地区。

我国工程机械的品种越来越多,根据中国工程机械工业协会标准,我国工程机械已经形成 20 个大类、130 多个组、近 600 个型号、上千个产品,在这些产品中还不包括港口机械以及部分矿山机械。为了适应工程机械的出口需要和国内外行业的技术交流,我们将上述产品名称翻译成 8 种语言,包括阿拉伯语、德语、法语、日语、西班牙语、意大利语、英语和俄语,并分别提供中文对照,以方便大家在使用中进行参考。翻译如有不准确、不正确之处,恳请读者批评指正。

编委会
2020 年 1 月

目　　录

1 掘削機械 挖掘机械

グループ/组	タイプ/型	製品/产品
間歇式掘削機 间歇式挖掘机	機械式掘削機 机械式挖掘机	コローラー式機械掘削機 履带式机械挖掘机
		ダイヤ式機械掘削機 轮胎式机械挖掘机
		固定式(船用)機械掘削機 固定式(船用)机械挖掘机
		鉱用スコップ 矿用电铲
	油圧式掘削機 液压式挖掘机	コローラー式油圧ショベル 履带式液压挖掘机
		ダイヤ式油圧ショベル 轮胎式液压挖掘机
		水陸両用式油圧ショベル 水陆两用式液压挖掘机
		湿地油圧ショベル 湿地液压挖掘机
		歩行型油圧ショベル 步履式液压挖掘机
		固定式(船用)油圧ショベル 固定式(船用)液压挖掘机
	掘削積み込む機 挖掘装载机	サイドシフト式掘削積み込む機 侧移式挖掘装载机
		中置き式掘削積み込む機 中置式挖掘装载机
連続式掘削機 连续式挖掘机	バケットホイール掘削機 斗轮挖掘机	コローラー式バケットホイール掘削機 履带式斗轮挖掘机
		ダイヤ式バケットホイール掘削機 轮胎式斗轮挖掘机
		特殊走行装置バケットホイール掘削機 特殊行走装置斗轮挖掘机
	ロール式掘削機 滚切式挖掘机	ロール式掘削機 滚切式挖掘机
	フライス掘削機 铣切式挖掘机	フライス掘削機 铣切式挖掘机

1

グループ/组	タイプ/型	製品/产品
連続式掘削機 连续式挖掘机	マルチバケットドンチー 多斗挖沟机	成型断面ドレンチャー 成型断面挖沟机
		輪斗ドレンチャー 轮斗挖沟机
		バケットチューンドレンチャー 链斗挖沟机
	バケットチューンドレンチャー 链斗挖沟机	コローラー式バケットチューンドレンチャー 履带式链斗挖沟机
		ダイヤ式バケットチューンドレンチャー 轮胎式链斗挖沟机
		軌道式バケットチューンドレンチャー 轨道式链斗挖沟机
その他の掘削 機械 其他挖掘机械		

2 ブルドーザー 铲土运输机械

グループ/组	タイプ/型	製品/产品
ローダー 装载机	コローラー式. ローダー 履带式装载机	機械ローダー 机械装载机
		油圧式機械ローダー 液力机械装载机
		全油圧ローダー 全液压装载机
	ダイヤ式 ローダー 轮胎式装载机	機械ローダー 机械装载机
		油圧式機械ローダー 液力机械装载机
		全油圧ローダー 全液压装载机
	スリップステアリングローダー 滑移转向式装载机	スリップステアリングローダー 滑移转向装载机

（续表）

グループ/组	タイプ/型	製品/产品
ローダー 装载机	特殊ローダー 特殊用途装载机	トラック湿地ローダー 履带湿地式装载机
		サイドアンロードローダー 側卸装载机
		地下ローダー 井下装载机
		木材ローダー 木材装载机
かき取り機 铲运机	自走式かき取り機 自行铲运机	自走ダイヤ式かき取り機 自行轮胎式铲运机
		ダイヤ式ツインエンジンかき取り機 轮胎式双发动机铲运机
		自走ギャタピラー式かき取り機 自行履带式铲运机
	トレーラーかき 取り機 拖式铲运机	機械式かき取り機 机械铲运机
		油圧式かき取り機 液压铲运机
ブルドーザー 推土机	ギャタピラー式 ブルドーザー 履带式推土机	機械式ブルドーザー 机械推土机
		油圧式機械ブルドーザー 液力机械推土机
		全油圧式ブルドーザー 全液压推土机
		ギャタピラー湿地式ブルドーザー 履带式湿地推土机
	ダイヤ式 ブルドーザー 轮胎式推土机	油圧式機械ブルドーザー 液力机械推土机
		全油圧式機械 ブルドーザー 全液压推土机
	通井機械 通井机	通井機械 通井机
	プッジュブルド ーサー 推耙机	プッジュブルドーザー 推耙机
フォーク機械 叉装机	フォーク機械 叉装机	フォーク機械 叉装机

3

（续表）

グループ/组	タイプ/型	製品/产品
道ならし機械 平地机	自走式道ならし機 自行式平地机	機械式道ならし機 机械式平地机
		液力機械式道ならし機 液力机械平地机
		全液圧道ならし機 全液压平地机
	トレーラー道 ならし機 拖式平地机	トレーラー道ならし機 拖式平地机
非自動車道路 用自動アンロ ードワゴン 非公路自卸车	剛性自動アンロ ードワゴン 刚性自卸车	機械駆動式自動アンロードワゴン 机械传动自卸车
		油圧駆動式自動アンロードワゴン 液力机械传动自卸车
		静油圧駆動式自動アンロードワゴン 静液压传动自卸车
		電動自動アンロードワゴン 电动自卸车
	関節式自動アンロ ードワゴン 铰接式自卸车	機械駆動式自動アンロードワゴン 机械传动自卸车
		油圧駆動式自動アンロードワゴン 液力机械传动自卸车
		静油圧駆動式自動アンロードワゴン 静液压传动自卸车
		電動自動アンロードワゴン 电动自卸车
	地下剛性自動アン ロードワゴン 地下刚性自卸车	油圧駆動式自動アンロードワゴン 液力机械传动自卸车
	地下関節式自動アン ロードワゴン 地下铰接式自卸车	油圧駆動式自動アンロードワゴン 液力机械传动自卸车
		静油圧駆動式自動アンロードワゴン 静液压传动自卸车
		電動自動アンロードワゴン 电动自卸车
	回転式自動アンロ ードワゴン 回转式自卸车	静油圧駆動式自動アンロードワゴン 静液压传动自卸车
	重力ダンプカー 重力翻斗车	重力ダンプカー 重力翻斗车

グループ/组	タイプ/型	製品/产品
準備作業機械 作业准备机械	いばら除け機 除荆机	いばら除け機 除荆机
	根切り機 除根机	根切り機 除根机
その他のブルドーザー機械 其他铲土运输机械		

3 クレーン 起重机械

グループ/组	タイプ/型	製品/产品
流動式 クレーン 流动式起重机	ダイヤ式 クレーン 轮胎式起重机	自動車 クレーン 汽车起重机
		全地面 クレーン 全地面起重机
		ダイヤ式 クレーン 轮胎式起重机
		越野ダイヤ式 クレーン 越野轮胎起重机
		クレーン付き車 随车起重机
	ギャタピラー式 クレーン 履带式起重机	ラティスズームギャタピラー式 クレーン 桁架臂履带起重机
		伸縮ズームギャタピラー式 クレーン 伸缩臂履带起重机
	専用流動式 クレーン 专用流动式起重机	正面吊り運 クレーン 正面吊运起重机
		側面吊り運 クレーン 侧面吊运起重机
		ギャタピラー式バイブレイヤー 履带式吊管机
	バリアフリー車 清障车	バリアフリー車 清障车
		バリアフリーレッカー車 清障抢救车

（续表）

グループ/组	タイプ/型	製品/产品
6 建築 クレーン 建筑起重机械		軌道上回転タワー型クレーン 轨道上回转塔式起重机
		軌道上回転セルフティングタワー型クレーン 轨道上回转自升塔式起重机
		軌道下回転セルフティングタワー型クレーン 轨道下回转塔式起重机
	タワークレーン 塔式起重机	軌道速装式タワー型クレーン 轨道快装式塔式起重机
		軌道動ズーム式ギャタピラー式 クレーン 轨道动臂式塔式起重机
		軌道平たい頭タワー型クレーン 轨道平头式塔式起重机
		固定上回転タワー型クレーン 固定上回转塔式起重机
		固定上回転セルフティングタワー型クレーン 固定上回转自升塔式起重机
		固定下回転タワー型クレーン 固定下回转塔式起重机
		固定速装式タワー型クレーン 固定快装式塔式起重机
		固定レールアーム式タワー型クレーン 固定动臂式塔式起重机
		固定フテット式タワー型クレーン 固定平头式塔式起重机
		固定内リフト式タワー型クレーン 固定内爬升式塔式起重机
	工事リフト 施工升降机	ギアラック式工事リフト 齿轮齿条式施工升降机
		ロープ式工事リフト 钢丝绳式施工升降机
		ブレンド式工事リフト 混合式施工升降机

（续表）

グループ/组	タイプ/型	製品/产品
建築 クレーン 建筑起重机械	建築卷揚げ機 建筑卷扬机	単筒卷揚げ機 单筒卷扬机
		二筒式卷揚げ機 双筒式卷扬机
		三筒式卷揚げ機 三筒式卷扬机
その他の クレーン 其他起重机械		

4　工業車両　工业车辆

グループ/组	タイプ/型	製品/产品
機動工業車両 （内燃機、蓄電池、双動力） 机动工业车辆 （内燃、蓄电池、双动力）	固定プラットフォーム運搬車 固定平台搬运车	固定プラットフォーム運搬車 固定平台搬运车
	牽引車とプシュトラクター 牵引车和推顶车	牽引車 牵引车
		プシュトラクター 推顶车
	スタッキンダ高揚フォークリフト 堆垛用（高起升）車辆	カウンターパランス型フォークリフトトラック 平衡重式叉车
		リーチ型フォークリフトトラック 前移式叉车
		ストラドルトラック 插腿式叉车
		パレットスタッカー 托盘堆垛车
		プラットホームスタッカー 平台堆垛车
		操作台に可昇降車両 操作台可升降车辆
		サイド式フォークリフトトラック 侧面式叉车（单侧）
		越野型フォークリフトトラック 越野叉车

グループ/组	タイプ/型	製品/产品
機動工業車両 （内燃機、蓄電池、双動力） 机动工业车辆 （内燃、蓄电池、双动力）	スタッキング高揚 フォークリフト 堆垛用（高起升）车辆	サイドスタッキング式 フォークリフト 侧面堆垛式叉车（两侧）
		三方スタッキング式 フォークリフト 三向堆垛式叉车
		スタッキング高揚フォークリフト 堆垛用高起升跨车
		カウンターパランス型コンテナスタッキング機 平衡重式集装箱堆高机
	非スタッキング （下昇） フォークリフト 非堆垛用（低起升） 车辆	パレット運搬車 托盘运搬车
		プラットホーム運搬車 平台搬运车
		非スタッキング（下昇） フォークリフト 非堆垛用低起升跨车
	伸縮アーム式フォークリフト 伸缩臂式叉车	伸縮アーム式フォークリフト 伸缩臂式叉车
		越野型伸縮アーム式フォークリフト 越野伸缩臂式叉车
	オーダーピッキング車 拣选车	オーダーピッキング車 拣选车
	無人車両 无人驾驶车辆	無人車両 无人驾驶车辆
非機動工業車両 非机动工业车辆	歩行式制御スタッカー 步行式堆垛车	歩行式制御スタッカー 步行式堆垛车
	歩行式パレット制御スタッカー 步行式托盘堆垛车	歩行式パレット制御スタッカー 步行式托盘堆垛车
	歩行式パレット運搬車 步行式托盘搬运车	歩行式パレット運搬車 步行式托盘搬运车
	歩行制御シザータイプリフティングパレットギャリア 步行剪叉式升降托盘搬运车	歩行制御シザータイプリフティングパレットギャリア 步行剪叉式升降托盘搬运车

（续表）

グループ/组	タイプ/型	製品/产品
その他の工業車両 其他工业车辆		

5　圧着機械　压实机械

グループ/组	タイプ/型	製品/产品
静力式ロードローラー 静作用压路机	被牽引ロードローラー 拖式压路机	被牽引式光輪ロードローラー 拖式光轮压路机
	自走式ロードローラー 自行式压路机	両輪式光輪ロードローラー 两轮光轮压路机
		両輪連接式光輪ロードローラー 两轮铰接光轮压路机
		三輪式光輪ロードローラー 三轮光轮压路机
		三輪連接式光輪ロードローラー 三轮铰接光轮压路机
振動ロードローラー 振动压路机	光輪式ロードローラー 光轮式压路机	両輪式直列振動ロードローラー 两轮串联振动压路机
		両輪連接式振動ロードローラー 两轮铰接振动压路机
		四輪振動ロードローラー 四轮振动压路机
	タイヤ駆動式ロードローラー 轮胎驱动式压路机	タイヤ駆動光輪振動ロードローラー 轮胎驱动光轮振动压路机
		タイヤ駆動ポチ振動ロードローラー 轮胎驱动凸块振动压路机
	被牽引式ロードローラー 拖式压路机	被牽引式振動ロードローラー 拖式振动压路机
		被牽引式ポチ振動ロードローラー 拖式凸块振动压路机
	ハンド式ロードローラー 手扶式压路机	ハンド光輪振動ロードローラー 手扶光轮振动压路机
		ハンドポチ振動ロードローラー 手扶凸块振动压路机
		ハンドルステアリング機構振動ロードローラー 手扶带转向机构振动压路机

9

グループ/组	タイプ/型	製品/产品
振動式ロードローラー 振荡压路机	光輪式ロードローラー 光轮式压路机	両輪式直列振動ロードローラー 两轮串联振荡压路机
		両輪連接式振動ロードローラー 两轮铰接振荡压路机
	タイヤ駆動式ロードローラー 轮胎驱动式压路机	タイヤ駆動光輪振動ロードローラー 轮胎驱动式光轮振荡压路机
タイヤ式ロードローラー 轮胎压路机	自走式ロードローラー 自行式压路机	タイヤ式ロードローラー 轮胎压路机
		連接式タイヤ式ロードローラー 铰接式轮胎压路机
衝撃ロードローラー 冲击压路机	被牽引式ロードローラー 拖式压路机	被牽引式衝撃ロードローラ 拖式冲击压路机
	自走式ロードローラー 自行式压路机	自走式衝撃ロードローラー 自行式冲击压路机
複合式ロードローラー 组合式压路机	振動タイヤ複合式ロードローラー 振动轮胎组合式压路机	振動タイヤ複合式ロードローラー 振动轮胎组合式压路机
	振動発振式ロードローラー 振动振荡式压路机	振動発振式ロードローラー 振动振荡式压路机
振動平板ハンマ 振动平板夯	電動振動平板ハンマ 电动振动平板夯	電動振動平板ハンマ 电动振动平板夯
	内燃振動平板ハンマ 内燃振动平板夯	内燃振動平板ハンマ 内燃振动平板夯
振動衝撃ハンマ 振动冲击夯	電動振動衝撃ハンマ 电动振动冲击夯	電動振動衝撃ハンマ 电动振动冲击夯
	内燃振動衝撃ハンマ 内燃振动冲击夯	内燃振動衝撃ハンマ 内燃振动冲击夯
爆発式ハンマ 爆炸式夯实机	爆発式ハンマ 爆炸式夯实机	爆発式ハンマ 爆炸式夯实机
フロッグ型ハンマ 蛙式夯实机	フロッグ型ハンマ 蛙式夯实机	フロッグ型ハンマ 蛙式夯实机
ごみ埋立圧着機械 垃圾填埋压实机	静的破砕圧着機械 静碾式压实机	静的破砕ごみ埋立圧着機械 静碾式垃圾填埋压实机
	振動式圧着機械 振动式压实机	振動式ごみ埋立圧着機械 振动式垃圾填埋压实机

（续表）

グループ/组	タイプ/型	製品/产品
その他の圧着機械 其他压实机械		

6　道路建設と保守機械　路面施工与养护机械

グループ/组	タイプ/型	製品/产品
アスファルト舗装建設機械 沥青路面施工机械	アスファルト混合物攪拌設備 沥青混合料搅拌设备	強制煉りアスファルト攪拌設備 强制间歇式沥青搅拌设备
		強制連続式アスファルト攪拌設備 强制连续式沥青搅拌设备
		ドラム連続式アスファルト攪拌設備 滚筒连续式沥青搅拌设备
		両ドラム連続式アスファルト攪拌設備 双滚筒连续式沥青搅拌设备
		両ドラムバッチアスファルト攪拌設備 双滚筒间歇式沥青搅拌设备
		移動式アスファルト攪拌設備 移动式沥青搅拌设备
		コンテナス式アスファルト攪拌設備 集装箱式沥青搅拌设备
		環境保護型アスファルト攪拌設備 环保型沥青搅拌设备
	アスファルト混合物舗装機 沥青混合料摊铺机	機械駆動コローラー式アスファルト舗装機 机械传动履带式沥青摊铺机
		全油圧コローラー式アスファルト舗装機 全液压履带式沥青摊铺机
		機械駆動タイヤ式アスファルト舗装機 机械传动轮胎式沥青摊铺机
		全油圧タイヤ式アスファルト舗装機 全液压轮胎式沥青摊铺机
		両段アスファルト舗装機 双层沥青摊铺机

11

(续表)

グループ/组	タイプ/型	製品/产品
アスファルト舗装建設機械 沥青路面施工机械	アスファルト混合物舗装機 沥青混合料摊铺机	噴霧装置付きアスファルト舗装機 带喷洒装置沥青摊铺机
		道路端舗装機 路沿摊铺机
	アスファルト混合物移送機 沥青混合料转运机	直接転送式アスファルト原料運搬機 直传式沥青转运料机
		バンカータイプ式アスファルト原料運搬機 带料仓式沥青转运料机
	アスファルトディストリビュータ(車) 沥青洒布机(车)	機械転送アスファルトディストリビュータ機(車) 机械传动沥青洒布机(车)
		油圧駆動式アスファルトディストリビュータ(車) 液压传动沥青洒布机(车)
		気圧式アスファルトディストリビュータ(車) 气压沥青洒布机
	ストーンチップスプレー(車) 碎石撒布机(车)	単輸送ベルトストーンチップスプレー(車) 单输送带石屑撒布机
		両輸送ベルトストーンチップスプレー(車) 双输送带石屑撒布机
		サスペンション式簡易ストーンチップスプレー(車) 悬挂式简易石屑撒布机
		黒い色ストーンチップスプレー(車) 黑色碎石撒布机
	液状アスファルト転送機 液态沥青运输机	保温アスファルト転送缶車 保温沥青运输罐车
		半トレーラー保温アスファルト転送缶車 半拖挂保温沥青运输罐车
		簡易車載式アスファルト転送機 简易车载式沥青罐车
	アスファルトポンプ 沥青泵	歯車型アスファルトポンプ 齿轮式沥青泵

12

グループ/组	タイプ/型	製品/产品
アスファルト 舗装建設機械 沥青路面施工 机械	アスファルトポンプ 沥青泵	プランシャー型アスファルトポンプ 柱塞式沥青泵
		スクリュー型アスファルトポンプ 螺杆式沥青泵
	アスファルト バルプ 沥青阀	保温三通アスファルトバルプ（手動 電動 気動） 保温三通沥青阀（分手动、电动、气动）
		保温二通アスファルトバルプ（手動 電動 気動） 保温二通沥青阀（分手动、电动、气动）
		保温二通アスファルトポール弁 保温二通沥青球阀
	アスファルト 貯蔵缶 沥青贮罐	垂直式アスファルト貯蔵缶 立式沥青贮罐
		臥水平式アスファルト貯蔵缶 卧式沥青贮罐
		アスファルト庫（駅） 沥青库（站）
	アスファルト 溶融加熱設備 沥青加热熔化设备	火炎加熱固定式アスファルト溶融 設備 火焰加热固定式沥青熔化设备
		火炎加熱移動式アスファルト溶融 設備 火焰加热移动式沥青熔化设备
		蒸気加熱固定式アスファルト溶融 設備 蒸汽加热固定式沥青熔化设备
		蒸気加熱移動式アスファルト溶融 設備 蒸汽加热移动式沥青熔化设备
		熱伝導油加熱固定式アスファルト溶 融設備 导热油加热固定式沥青熔化设备
		電気加熱固定式アスファルト溶融 設備 电加热固定式沥青熔化设备
		電気加熱移動式アスファルト溶融 設備 电加热移动式沥青熔化设备

13

グループ/组	タイプ/型	製品/产品
アスファルト 舗装建設機械 沥青路面施工 机械	アスファルト 溶融加熱設備 沥青加热熔化设备	赤外線加熱固定式アスファルト溶融設備 红外线固定加热式沥青熔化设备
		赤外線加熱移動式アスファルト溶融設備 红外线加热移动式沥青熔化设备
		加熱太陽エネルギー固定式アスファルト溶融設備 太阳能加热固定式沥青熔化设备
		加熱太陽エネルギー移動式アスファルト溶融設備 太阳能加热移动式沥青熔化设备
	アスファルト貯蔵 缶充填設備 沥青灌装设备	簡易包装アスファルト貯蔵缶充填設備 筒装沥青灌装设备
		袋包装アスファルト貯蔵缶充填設備 袋装沥青灌装设备
	アスファルト筒ダ ンプ設備 沥青脱桶装置	固定式アスファル筒ダンプ設備 固定式沥青脱桶装置
		移動式アスファルト筒ダンプ設備 移动式沥青脱桶装置
	アスファルト修正 設備 沥青改性设备	かき混ぜり式アスファルト修正設備 搅拌式沥青改性设备
		コロイド磨き式アスファルト修正設備 胶体磨式沥青改性设备
	アスファルト乳化 設備 沥青乳化设备	移動式アスファルト乳化設備 移动式沥青乳化设备
		固定式アスファルト乳化設備 固定式沥青乳化设备
コンクリート 舗装建設機械 水泥面施工机械	コンクリート 舗装のスプレッダー 水泥混凝土摊铺机	スライドモード式コンクリート舗装のスプレッダー 滑模式水泥混凝土摊铺机
		軌道式コンクリート舗装のスプレッダー 轨道式水泥混凝土摊铺机

14

グループ/组	タイプ/型	製品/产品
コンクリート 舗装建設機械 水泥面施工机械	多機能路縁石コン クリート舗装機 多功能路缘石铺筑机	コローラー式路縁石コンクリート舗装機 履带式水泥混凝土路缘铺筑机
		軌道式路縁石コンクリート舗装機 轨道式水泥混凝土路缘铺筑机
		ダイヤ式路縁石コンクリート舗装機 轮胎式水泥混凝土路缘铺筑机
	コンクリート舗装の ジョイントカッタ 切缝机	ハンド式コンクリート舗装のジョイントカッタ 手扶式水泥混凝土路面切缝机
		軌道式コンクリート 舗装のジョイントカッタ 轨道式水泥混凝土路面切缝机
		ダイヤ式コンクリート舗装のジョイントカッタ 轮胎式水泥混凝土路面切缝机
	コンクリート舗装 振動ビーム 水泥混凝土路面 振动梁	単梁式コンクリート舗装振動ビーム 单梁式水泥混凝土路面振动梁
		両梁式コンクリート舗装振動ビーム 双梁式水泥混凝土路面振动梁
	コンクリート舗装 のクリーナー （艶消し機） 水泥混凝土路面 抹光机	電動式コンクリート舗装のクリーナー 电动式水泥混凝土路面抹光机
		内燃式コンクリート舗装のクリーナー 内燃式水泥混凝土路面抹光机
	コンクリート舗装の 脱水装置 水泥混凝土路面 脱水装置	真空式コンクリート舗装の脱水装置 真空式水泥混凝土路面脱水装置
		ダイヤフラム式コンクリート舗装の 脱水装置 气垫膜式水泥混凝土路面脱水装置
	コンクリート舗装の サイドトレンチ機 水泥混凝土边沟 铺筑机	コローラー式コンクリート舗装のサイドトレンチ 履带式水泥混凝土边沟铺筑机
		軌道式コンクリート舗装のサイドトレンチ機 轨道式水泥混凝土边沟铺筑机
		ダイヤ式コンクリート舗装のサイドトレンチ機 轮胎式水泥混凝土边沟铺筑机

15

グループ/组	タイプ/型	製品/产品
コンクリート舗装建設機械 水泥面施工机械	コンクリート舗装の接合機 路面灌缝机	牽引式コンクリート舗装の接合機 拖式路面灌缝机
		自動式コンクリート舗装の接合機 自行式路面灌缝机
路面基層建設機器 路面基层施工机械	ソイルミキサー 稳定土拌和机	コローラー式ソイルミキサー 履带式稳定土拌和机
		ダイヤ式ソイルミキサー 轮胎式稳定土拌和机
	安定化土壌ミキシング設備 稳定土拌和设备	強制式安定化土壌ミキシング設備 强制式稳定土拌和设备
		自壊式安定化土壌ミキシング設備 自落式稳定土拌和设备
	安定化土壌舗装のスプレッダー 稳定土摊铺机	コローラー式安定化土壌舗装のスプレッダ 履带式稳定土摊铺机
		ダイヤ式安定化土壌舗装のスプレッダ 轮胎式稳定土摊铺机
路面附属施設の建設機器 路面附属设施施工机械	建設機器のガードレール 护栏施工机械	杭打ち機　くい抜き機 打桩、拔桩机
		通し孔きりもみの巻上機 钻孔吊桩机
	建設の標線と標識機器 标线标志施工机械	常温漆道標線の噴き塗り機 常温漆标线喷涂机
		熱溶漆道標線の引き機 热熔漆标线划线机
		道標線のクリアマシン 标线清除机
	道の溝へりと坂道建設機器 边沟、护坡施工机械	溝切り機 开沟机
		道の溝へり舗装機 边沟摊铺机
		道の斜面舗装機 护坡摊铺机
路面メンテナンス機器 路面养护机械	路面多機能メンテナンス機器 多功能养护机	路面多機能メンテナンス機器 多功能养护机

（续表）

グループ/组	タイプ/型	製品/产品
路面メンテナンス機器 路面养护机械	アスファルト舗装のピット補修機 沥青路面坑槽修补机	アスファルト舗装のピット補修機 沥青路面坑槽修补机
	アスファルト舗装の加熱修繕機 沥青路面加热修补机	アスファルト舗装の加熱修繕機 沥青路面加热修补机
	アスファルト舗装の噴射式溝修繕機 喷射式坑槽修补机	アスファルト舗装の噴射式溝修繕機 喷射式坑槽修补机
	アスファルト舗装の再生修繕機 再生修补机	アスファルト舗装の再生修繕機 再生修补机
	アスファルト舗装の拡縫い機 扩缝机	アスファルト舗装の拡縫い機 扩缝机
	アスファルト舗装の溝切り機 坑槽切边机	アスファルト舗装の溝切り機 坑槽切边机
	アスファルト舗装の小型カバー面機 小型罩面机	アスファルト舗装の小型カバー面機 小型罩面机
	アスファルト舗装のカッター 路面切割机	アスファルト舗装のカッター 路面切割机
	アスファルト舗装の散水車 洒水车	アスファルト舗装の散水車 洒水车
	アスファルト舗装のシリングキヤリアー 路面刨铣机	キヤタピ式アスファルト舗装シリングキヤリアー 履带式路面刨铣机
		タイヤ式アスファルト舗装シリングキヤリアー 轮胎式路面刨铣机
	アスファルト舗装の保守車 沥青路面养护车	自動式アスファルト舗装の保守車 自行式沥青路面养护车
		牽引式アスファルト舗装の保守車 拖式沥青路面养护车
	コンクリートヤメント舗装の保守車 水泥混凝土路面养护车	自動式コンクリートヤメント舗装の保守車 自行式水泥混凝土路面养护车

グループ/组	タイプ/型	製品/产品
路面メンテナンス機器 路面养护机械	コンクリートヤメント舗装の保守車 水泥混凝土路面养护车	牽引式コンクリートヤメント舗装の保守車 拖式水泥混凝土路面养护车
	コンクリートヤメント舗装の圧砕機 水泥混凝土路面破碎机	自動式コンクリートヤメント舗装の圧砕機 自行式水泥混凝土路面破碎机
		牽引式コンクリートヤメント舗装の圧砕機 拖式水泥混凝土路面破碎机
	コンクリートヤメント舗装のスラリーシールマシン 稀浆封层机	自動式コンクリートヤメント舗装のスラリーシールマシン 自行式稀浆封层机
		牽引式コンクリートヤメント舗装のスラリーシールマシン 拖式稀浆封层机
	コンクリートヤメント舗装の排砂装置 回砂机	スクレーバー式コンクリートヤメント舗装の排砂装置 刮板式回砂机
		回転子式コンクリートヤメント舗装の排砂装置 转子式回砂机
	路面スロットマシン 路面开槽机	ハンド式路面スロットマシン 手扶式路面开槽机
		自動式路面スロットマシン 自行式路面开槽机
	路面継ぎ目機 路面灌缝机	牽引式路面継ぎ目機 拖式路面灌缝机
		自動式路面継ぎ目機 自行式路面灌缝机
	アスファルト舗装の加熱機 沥青路面加热机	自動式アスファルト舗装の加熱機 自行式沥青路面加热机
		牽引式アスファルト舗装の加熱機 拖式沥青路面加热机
		懸垂型アスファルト舗装の加熱機 悬挂式沥青路面加热机
	アスファルト舗装の加熱再生機械 沥青路面热再生机	自動式アスファルト舗装の加熱再生機械 自行式沥青路面热再生机

(续表)

グループ/组	タイプ/型	製品/产品
路面メンテナンス機器 路面养护机械	アスファルト舗装の 加熱再生機械 沥青路面热再生机	牽引式アスファルト舗装の加熱再生機械 拖式沥青路面热再生机
		懸垂型アスファルト舗装の加熱再生機械 悬挂式沥青路面热再生机
	アスファルト舗装の 冷却再生機械 沥青路面冷再生机	自動式アスファルト舗装の冷却再生機械 自行式沥青路面冷再生机
		牽引式アスファルト舗装の冷却再生機械 拖式沥青路面冷再生机
		懸垂型アスファルト舗装の冷却再生機械 悬挂式沥青路面冷再生机
	アスファルト舗装の 乳化再生装置 乳化沥青再生设备	固定式アスファルト舗装の乳化再生装置 固定式乳化沥青再生设备
		移動式アスファルト舗装の乳化再生装置 移动式乳化沥青再生设备
	アスファルト舗装の フォーム再生装置 泡沫沥青再生设备	固定式アスファルト舗装の フォーム再生装置 固定式泡沫沥青再生设备
		移動式アスファルト舗装の フォーム再生装置 移动式泡沫沥青再生设备
	アスファルト舗装の 砕石シールコート機 碎石封层机	アスファルト舗装の砕石 シールコート機 碎石封层机
	アスファルト舗装の ローカル再生ミキサー列車 就地再生搅拌列车	アスファルト舗装のローカル再生ミキサー列車 就地再生搅拌列车
	道路用ヒーター 路面加热机	道路用ヒーター 路面加热机
	アスファルト舗装の 加熱と繰り返し 攪拌機 路面加热复拌机	アスファルト舗装の加熱と繰り返し 攪拌機 路面加热复拌机

19

（续表）

グループ/组	タイプ/型	製品/产品
路面メンテナンス機器 路面养护机械	草刈り機 割草机	草刈り機 割草机
	木の剪定機 树木修剪机	木の剪定機 树木修剪机
	道路用清掃機 路面清扫机	道路用清掃機 路面清扫机
	道路用ガードレール洗浄機 护栏清洗机	道路用ガードレール洗浄機 护栏清洗机
	工事安全指示カード車 施工安全指示牌车	工事安全指示カード車 施工安全指示牌车
	道路用ミゾ修理機 边沟修理机	道路用ミゾ修理機 边沟修理机
	夜間用照明設備 夜间照明设备	夜間用照明設備 夜间照明设备
	透水路面用再生機 透水路面恢复机	透水路面用再生機 透水路面恢复机
	路面用除氷と雪機械 除冰雪机械	転子式除氷と雪機 转子式除雪机
		梨式除氷と雪機 梨式除雪机
		螺旋式除氷と雪機 螺旋式除雪机
		連合式除氷と雪機 联合式除雪机
		除氷と雪トラック 除雪卡车
		融雪剤スプレッダー 融雪剂撒布机
		融雪液散布機 融雪液喷洒机
		噴射式除氷と雪機 喷射式除冰雪机
その他の道路建設・保守機械 其他路面施工与养护机械		

20

7　コンクリート機械 混凝土机械

グループ/组	タイプ/型	製品/产品
攪拌機 搅拌机	錐形反転割り出し式 コンクリート攪拌機 锥形反转出料式 搅拌机	歯の輪錐形反転割り出し式 コンクリート攪拌機 齿圈锥形反转出料混凝土搅拌机
		摩擦錐形反転割り出し式 コンクリート攪拌機 摩擦锥形反转出料混凝土搅拌机
		内燃機駆動錐形反転割り出し式 コンクリート攪拌機 内燃机驱动锥形反转出料混凝土搅拌机
	錐形斜め割り出し式 コンクリート攪拌機 锥形倾翻出料式 搅拌机	歯の輪錐形斜め割り出し式 コンクリート攪拌機 齿圈锥形倾翻出料混凝土搅拌机
		摩擦摩錐形斜め割り出し式 コンクリート攪拌機 摩擦锥形倾翻出料混凝土搅拌机
		タイヤ式全液圧搭載機 轮胎式全液压装载
	渦巻き式コンクリート攪拌機 涡桨式混凝土搅拌机	渦巻き式コンクリート攪拌機 涡桨式混凝土搅拌机
	惑星式コンクリート攪拌機 行星式混凝土搅拌机	惑星式コンクリート攪拌機 行星式混凝土搅拌机
	単水平軸式コンクリート攪拌機 单卧轴式搅拌机	単水平軸式機械フィーディングコンクリート攪拌機 单卧轴式机械上料混凝土搅拌机
		単水平軸式油圧フィーディングコンクリート攪拌機 单卧轴式液压上料混凝土搅拌机
	両水平軸式コンクリート攪拌機 双卧轴式搅拌机	両水平軸式機械フィーディングコンクリート攪拌機 双卧轴式机械上料混凝土搅拌机
		両水平軸式油圧フィーディングコンクリート攪拌機 双卧轴式液压上料混凝土搅拌机
	連続式コンクリート攪拌機 连续式搅拌机	連続式コンクリート攪拌機 连续式混凝土搅拌机

21

（续表）

グループ/组	タイプ/型	製品/产品
コンクリート 攪拌機 混凝土搅拌楼	錐形反転割り出し式 コンクリート攪拌ビル 锥形反转出料式 搅拌楼	両ホスト錐形反転割り出し式 コンクリート攪拌ビル 双主机锥形反转出料混凝土搅拌楼
	錐形斜め割り出し式 コンクリート攪拌ビル 锥形倾翻出料式 搅拌楼	二ホスト錐形斜め割り出し式 コンクリート攪拌ビル 双主机锥形倾翻出料混凝土搅拌楼
		三つホスト錐形斜め割り出し式 コンクリート攪拌ビル 三主机锥形倾翻出料混凝土搅拌楼
		四つホスト錐形斜め割り出し式 コンクリート攪拌ビル 四主机锥形倾翻出料混凝土搅拌楼
	渦巻き式コンクリート攪拌ビル 涡桨式搅拌楼	単ホスト渦巻き式コンクリート攪拌ビル 单主机涡桨式混凝土搅拌楼
		二ホスト渦巻き式コンクリート攪拌ビル 双主机涡桨式混凝土搅拌楼
	惑星式コンクリート攪拌ビル 行星式搅拌楼	単ホスト惑星式コンクリート攪拌ビル 单主机行星式混凝土搅拌楼
		二ホスト惑星式コンクリート攪拌ビル 双主机行星式混凝土搅拌楼
	単水平軸式コンクリート攪拌ビル 单卧轴式搅拌楼	単ホスト単水平軸式コンクリート攪拌ビル 单主机单卧轴式混凝土搅拌楼
		二ホスト単水平軸式コンクリート攪拌ビル 双主机单卧轴式混凝土搅拌楼
	両水平軸式コンクリート攪拌ビル 双卧轴式搅拌楼	単ホスト両水平軸式コンクリート攪拌ビル 单主机双卧轴式混凝土搅拌楼
		二ホスト両水平軸式コンクリート攪拌ビル 双主机双卧轴式混凝土搅拌楼
	連続式コンクリート攪拌ビル 连续式搅拌楼	連続式コンクリート攪拌ビル 连续式混凝土搅拌楼

グループ/组	タイプ/型	製品/产品
コンクリート攪拌ステーキョン 混凝土搅拌站	錐形反転割り出し式コンクリート攪拌ステーキョン 锥形反转出料式混凝土搅拌站	錐形反転割り出し式コンクリート攪拌ステー 锥形反转出料式混凝土搅拌站
	錐形斜め割り出し式コンクリート攪拌ステーキョン 锥形倾翻出料式混凝土搅拌站	錐形斜め割り出し式 コンクリート攪拌ステーキョン 锥形倾翻出料式混凝土搅拌站
	渦巻き式コンクリート攪拌ステーキョン 涡桨式混凝土搅拌站	渦巻き式コンクリート攪拌ステーキョン 涡桨式混凝土搅拌站
	惑星式コンクリート攪拌ステーキョン 行星式混凝土搅拌站	惑星式コンクリート攪拌ステーキョン 行星式混凝土搅拌站
	単水平軸コンクリート攪拌ステーキョン 单卧轴式混凝土搅拌站	単水平軸式コンクリート攪拌ステーキョン 单卧轴式混凝土搅拌站
	両水平軸式コンクリート攪拌ステーキョン 双卧轴式混凝土搅拌站	両水平軸式コンクリート攪拌ステーキョン 双卧轴式混凝土搅拌站
	連続式コンクリート攪拌ステーキョン 连续式混凝土搅拌站	連続式コンクリート攪拌ステーキョン 连续式混凝土搅拌站
コンクリート攪拌輸送車 混凝土搅拌运输车	自動式コンクリート攪拌輸送車 自行式搅拌运输车	コンクリート飛輪取り力攪拌輸送車 飞轮取力混凝土搅拌运输车
		コンクリート先端取力攪拌輸送車 前端取力混凝土搅拌运输车
		コンクリート単独駆動攪拌輸送車 单独驱动混凝土搅拌运输车
		先端卸し料コンクリート攪拌輸送車 前端卸料混凝土搅拌运输车
		ベルト付きに輸送機コンクリート攪拌輸送車 带皮带输送机混凝土搅拌运输车
		上料付きに装置コンクリート攪拌輸送車 带上料装置混凝土搅拌运输车

23

グループ/组	タイプ/型	製品/产品
コンクリート攪拌輸送車 混凝土搅拌运输车	自動式コンクリート攪拌輸送車 自行式搅拌运输车	門型付きにコンクリートポンプコンクリート攪拌輸送車伝道 带臂架混凝土泵混凝土搅拌运输车
		斜め割り出し機構付きにコンクリート攪拌輸送車 带倾翻机构混凝土搅拌运输车
	牽引式ポンプ. 拖式	コンクリート攪拌輸送車 混凝土搅拌运输车
コンクリートポンプ 混凝土泵	固定式ポンプ 固定式泵	固定式コンクリートポンプ 固定式混凝土泵
	牽引式ポンプ 拖式泵	牽引式コンクリートポンプ 拖式混凝土泵
	車載式ポンプ 车载式泵	車載式コンクリートポンプ 车载式混凝土泵
コンクリート分配ロール 混凝土布料杆	折畳式分配ロール 卷折式布料杆	折畳式コンクリート分配ロール 卷折式混凝土布料杆
	Z形折畳式分配ロール "Z"形折叠式布料杆	Z形折畳式コンクリート分配ロール "Z"形折叠式混凝土布料杆
	伸縮式分配ロール 伸缩式布料杆	伸縮式コンクリート分配ロール 伸缩式混凝土布料杆
	複合式分配ロール 组合式布料杆	折畳Z形折畳複合式コンクリート分配ロール 卷折"Z"形折叠组合式混凝土布料杆
		Z形折畳伸縮複合式コンクリート分配ロール "Z"形折叠伸缩组合式混凝土布料杆
		折畳伸縮複合式コンクリート分配ロール 卷折伸缩组合式混凝土布料杆
ジブ式コンクリートポンプ車 臂架式混凝土泵车	全体式ポンプ車 整体式泵车	全体式ジブ式コンクリートポンプ車 整体式臂架混凝土泵车
	半掛ポンプ車 半挂式泵车	半掛ジブ式コンクリートポンプ車 半挂式臂架混凝土泵车
	全掛式ポンプ車 全挂式泵车	全掛式ジブ式コンクリートポンプ車 全挂式臂架混凝土泵车

グループ/组	タイプ/型	製品/产品
コンクリート 噴射機 混凝土喷射机	タンク式噴射機 缸罐式喷射机	タンク式コンクリート噴射機 缸罐式混凝土喷射机
	螺旋式噴射機 螺旋式喷射机	螺旋式コンクリート噴射機 螺旋式混凝土喷射机
	転子式噴射機 转子式喷射机	転子式コンクリート噴射機 转子式混凝土喷射机
コンクリート 噴射機械手 混凝土喷射 机械手	コンクリート 噴射機械手 混凝土喷射机械手	コンクリート噴射機械手 混凝土喷射机械手
コンクリート 噴射台車 混凝土喷射台车	コンクリート 噴射台車 混凝土喷射台车	コンクリート噴射台車 混凝土喷射台车
コンクリート 注ぐ機 混凝土浇注机	軌道式注ぐ機 轨道式浇注机	軌道式コンクリート注ぐ機 轨道式混凝土浇注机
	タイヤ式注ぐ機 轮胎式浇注机	タイヤ式コンクリート注ぐ機 轮胎式混凝土浇注机
	固定式注ぐ機 固定式浇注机	固定式コンクリート注ぐ機 固定式混凝土浇注机
コンクリート 振動機 混凝土振动器	内部振動式振動機 内部振动式振动器	電動軟軸惑星挿入式コンクリート振動機 电动软轴行星插入式混凝土振动器
		電動軟軸偏心挿入式コンクリート振動機 电动软轴偏心插入式混凝土振动器
		内燃軟軸惑星挿入式コンクリート振動機 内燃软轴行星插入式混凝土振动器
		電機インサート式コンクリート振動機 电机内装插入式混凝土振动器
	外部振動式振動機 外部振动式振动器	平板式コンクリート振動機 平板式混凝土振动器
		付着式コンクリート振動機 附着式混凝土振动器
		単向振動付着式コンクリート振動機 单向振动附着式混凝土振动器单
コンクリート 振動台 混凝土振动台	コンクリート振動台 混凝土振动台	コンクリート振動台 混凝土振动台

グループ/组	タイプ/型	製品/产品
空気アンロードバルクセメント運搬機 气卸散装水泥运输车	空気アンロードバルクセメント運搬機 气卸散装水泥运输车	空気アンロードバルクセメント運搬機 气卸散装水泥运输车
コンクリート清浄リサイクルビン 混凝土清洗回收站	コンクリート清浄リサイクルビン 混凝土清洗回收站	コンクリート清浄リサイクルビン 混凝土清洗回收站
コンクリート成分配合ステーション 混凝土配料站	コンクリート成分配合ステーションン 混凝土配料站	コンクリート成分配合ステーション 混凝土配料站
その他のコンクリート機械 其他混凝土机械		

8 掘削機械 掘进机械

グループ/组	タイプ/型	製品/产品
全断面型トンネル掘削機 全断面隧道掘进机	シールドマシン 盾构机	土圧バランス式シールドマシン 土压平衡式盾构机
		セメントの水バランス式シールドマシン 泥水平衡式盾构机
		セメントモルタル式シールドマシン 泥浆式盾构机
		セメントの水式シールドマシン 泥水式盾构机
		異形シールドマシン 异型盾构机
	硬い岩トンネル掘削機 硬岩掘进机（TBM)	硬い岩トンネル掘削機 硬岩掘进机
	複合式トンネル掘削機 组合式掘进机	複合式トンネル掘削機 组合式掘进机
非ポーリング装置 非开挖设备	水平方向ドリル 水平定向钻	水平方向ドリル 水平定向钻

（续表）

グループ/组	タイプ/型	製品/产品
非ポーリング装置 非开挖设备	ジャッキ機 顶管机	土圧バランス式ジャッキ機 土压平衡式顶管机
		セメントの水バランス式ジャッキ機 泥水平衡式顶管机
		セメントの水輸送式ジャッキ機 泥水输送式顶管机
トンネル掘削機 巷道掘进机	ブーム型岩石トンネル掘進機 悬臂式岩巷掘进机	ブーム型岩石トンネル掘進機 悬臂式岩巷掘进机
其の他の掘削 機械 其他掘进机械		

9　杭打ち機械 桩工机械

グループ/组	タイプ/型	製品/产品
ディーゼルハンマー式杭打ち機 柴油打桩锤	筒ハンマー式杭打ち機 筒式打桩锤	冷水筒式ディーゼルハンマー式杭打ち機 水冷筒式柴油打桩锤
		冷気筒式ディーゼルハンマー式杭打ち機 风冷筒式柴油打桩锤
	ディーゼルパイルガイドロッドハンマ 导杆式打桩锤	ディーゼルパイルガイドロッドハンマ 导杆式柴油打桩锤
油圧ハンマー式 杭打ち機 液压锤	油圧ハンマー式 杭打ち機 液压锤	油圧ハンマー式杭打ち機 液压打桩锤
振動ハンマー式 杭打ち機 振动桩锤	機械ハンマー式 杭打ち機 机械式桩锤	普通振動ハンマー式杭打ち機 普通振动桩锤
		可変トルク式振動ハンマー杭打ち機 变矩振动桩锤
		可変周波数式振動ハンマー杭打ち機 变频振动桩锤
		可変トルクと可変周波数式振動ハンマー杭打ち機 变矩变频振动桩锤

グループ/组	タイプ/型	製品/产品
振動ハンマー式 杭打ち機 振动桩锤	油圧モータハンマー式杭打ち機 液压马达式桩锤	油圧モータ振動ハンマー式杭打ち機 液压马达式振动桩锤
	油圧式ハンマー式杭打ち機 液压式桩锤	油圧振動ハンマー式杭打ち機 液压振动锤
パイルフレーム 桩架	パイプキャリアー式パイルフレーム 走管式桩架	パイプキャリアー式ディーゼルハンマー式杭打ちパイルフレーム 走管式柴油打桩架
	軌道式パイルフレーム 轨道式桩架	軌道式ディーゼルハンマー式杭打ちパイルフレーム 轨道式柴油锤打桩架
	クローラー式パイルフレーム 履带式桩架	クローラー式三つの支点式ディーゼルハンマー式杭打ちパイルフレーム 履带三支点式柴油锤打桩架
	歩行式パイルフレーム 步履式桩架	歩行式パイルフレーム 步履式桩架
	吊り掛け式パイルフレーム 悬挂式桩架	クローラー吊り掛け式ディーゼルハンマー式杭打ちパイルフレーム 履带悬挂式柴油锤桩架
圧入式杭打ち機 压桩机	機械圧入式杭打ち機 机械式压桩机	機械圧入式杭打ち機 机械式压桩机
	油圧圧入式杭打ち機 液压式压桩机	油圧圧入式杭打ち機 液压式压桩机
ポーリング機械 成孔机	螺旋式ポーリング機械 螺旋式成孔机	長い螺旋式ポーリング機械 长螺旋钻孔机
		押出式長い螺旋ポーリング機械 挤压式长螺旋钻孔机
		スリーブ式長い螺旋ポーリング機械 套管式长螺旋钻孔机
		短い螺旋式ポーリング機械 短螺旋钻孔机
	潜水式ポーリング機械 潜水式成孔机	潜水式ポーリング機械 潜水钻孔机
	正逆回転式ポーリング機械 正反回转式成孔机	回転盤式ポーリング機械 转盘式钻孔机
		パワーヘッド式ドリル 动力头式钻孔机

グループ/组	タイプ/型	製品/产品
ボーリング機械 成孔机	パンチング式ボーリング機械 冲抓式成孔机	パンチング式ボーリング機械 冲抓成孔机
	全キャスティング式 ボーリング機械 全套管式成孔机	全キャスティング式ボーリング機械 全套管钻孔机
	ボルトボール式ボーリング機械 锚杆式成孔机	ボルトボール式ボーリング機械 锚杆钻孔机
	歩行式ボーリング機械 步履式成孔机	歩行式スバイラルドリル機械 步履式旋挖钻孔机
	クローラー式ボーリング機械 履带式成孔机	クローラー式スバイラルドリル機械 履带式旋挖钻孔机
	車載式ボーリング機械 车载式成孔机	車載式スバイラルドリル機械 车载式旋挖钻孔机
	多軸式ボーリング機械 多轴式成孔机	多軸式ボーリング機械 多轴钻孔机
地下連続壁成溝付機 地下连续墙成槽机	ワッヤロープ式成溝付機 钢丝绳式成槽机	機械式連続壁グラプ 机械式连续墙抓斗
	ガイドバー式成溝付機 导杆式成槽机	油圧式連続壁グラプ 液压式连续墙抓斗
	半ガイドバー式成溝付機 半导杆式成槽机	油圧式連続壁グラプ 液压式连续墙抓斗
	スライス式成溝付機 铣削式成槽机	二輪スライス式成溝付機 双轮铣成槽机
	攪拌式成溝付機 搅拌式成槽机	二輪攪拌機 双轮搅拌机
	潜水式成溝付機 潜水式成槽机	潜水式直立多軸成溝付機 潜水式垂直多轴成槽机
ロップハンマ杭打ち機 落锤打桩机	機械式杭打ち機 机械式打桩机	機械式ロップハンマ杭打ち機 机械式落锤打桩机
	フランク式杭打ち機 法兰克式打桩机	フランク式杭打ち機 法兰克式打桩机

29

グループ/组	タイプ/型	製品/产品
軟地盤補強機械 パイルマシン 软地基加固机械	振動式補強機械 振冲式加固机械	水洗式振動機 水冲式振冲器
		乾式振動機 干式振冲器
	プレード式補強機 插板式加固机械	プレード杭打ち機 插板桩机
	強突き式補強機械 强夯式加固机械	強突き機 强夯机
	振動式補強機械 振动式加固机械	サイドパイル機 砂桩机
	ロークリージュット 式補強機械 旋喷式加固机械	ロークリージュット式軟地盤補強 機械 旋喷式软地基加固机
	グラウト注入深層 攪拌式補強機械 注浆式深层搅拌式 加固机械	単軸グラウト注入式深層攪拌機 单轴注浆式深层搅拌机
		多軸グラウト注入式深層攪拌機 多轴注浆式深层搅拌机
	粉体ロークリージ ュット式補強機械 粉体喷射式深层 搅拌式加固机械	単軸粉体ロークリージュット式深層 攪拌機 单轴粉体喷射式深层搅拌机
		多軸粉体ロークリージュット式深層 攪拌機 多轴粉体喷射式深层搅拌机
土取り器 取土器	厚い壁の土取り器 厚壁取土器	厚い壁の土取り器 厚壁取土器
	開け口薄い壁の 土取り器 敞口薄壁取土器	開け口薄い壁の土取り器 敞口薄壁取土器
	自由ピストンシート 薄い壁の土取り器 自由活塞薄壁取土器	自由ピストンシート薄い壁の土取 り器 自由活塞薄壁取土器
	固定ピストンシート 薄い壁の土取り器 固定活塞薄壁取土器	固定ピストンシート薄い壁の土取 り器 固定活塞薄壁取土器
	水圧固定薄い壁 の土取り器 水压固定薄壁取土器	水圧固定薄い壁の土取り器 水压固定薄壁取土器
	束節式土取り器 束节式取土器	束節式土取り器 束节式取土器
	黄土の土取り器 黄土取土器	黄土の土取り器 黄土取土器

（续表）

グループ/组	タイプ/型	製品/产品
土取り器 取土器	三重管回転式土取り器 三重管回转式取土器	三重管単動回転式土取り器 三重管单动回转取土器
		三重管両動回転式土取り器 三重管双动回转取土器
	砂の砂取り器 取沙器	グラインダー砂取り器 原状取沙器
その他の杭 打ち機械 其他桩工机械	その他杭打ち機械 其他桩工机械	

10　市政構造と環境衛生機械 市政与环卫机械

グループ/组	タイプ/型	製品/产品
環境衛生機械 环卫机械	路面清掃機(車) 扫路车(机)	路面清掃車 扫路车
		路面清掃機 扫路机
	掃除車 吸尘车	掃除車 吸尘车
	洗掃車 洗扫车	洗掃車 洗扫车
	清掃車 清洗车	清掃車 清洗车
		ガードレール洗浄車 护栏清洗车
		洗壁車 洗墙车
	散水車 洒水车	散水車 洒水车
		水まき散水車 清洗洒水车
		緑化スプレー車 绿化喷洒车
	吸込み糞尿車 吸粪车	吸込み糞尿車 吸粪车
	トイレ車 厕所车	トイレ車 厕所车

（续表）

グループ/组	タイプ/型	製品/产品
環境衛生機械 环卫机械	ゴミ収集車 垃圾车	圧縮式ゴミ収集車 压缩式垃圾车
		ダンプトラック 自卸式垃圾车
		ゴミ収集車 垃圾收集车
		ダンプ式ゴミ収集車 自卸式垃圾收集车
		三輪車式ゴミ収集車 三轮垃圾收集车
		自動積み卸式ゴミ収集車 自装卸式垃圾车
		揺れビーム式ゴミ収集車 摆臂式垃圾车
		カーボディ自動積み卸式ゴミ収集車 车厢可卸式垃圾车
		分類式ゴミ収集車 分类垃圾车
		圧縮式ゴミ分類収集車 压缩式分类垃圾车
		ゴミ転送車 垃圾转运车
		樽詰めゴミ輸送車 桶装垃圾运输车
		キッチンゴミ収集車 餐厨垃圾车
		医療ゴミ収集車 医疗垃圾车
	ゴミ処理設備 垃圾处理设备	ゴミの圧縮機 垃圾压缩机
		キャタピラー式ゴミブルドーザー 履带式垃圾推土机
		キャタピラー式ゴミ掘取り機 履带式垃圾挖掘机
		ゴミ滲出液処理車 垃圾渗滤液处理车
		ゴミ途中転換局処理設備 垃圾中转站设备

（续表）

グループ/组	タイプ/型	製品/产品
環境衛生機械 环卫机械	ゴミ処理設備 垃圾处理设备	ゴミ選別車焼却炉 垃圾分拣机
		ゴミ焼却炉 垃圾焚烧炉
		ゴミクラッシャー 垃圾破碎机
		ゴミ堆肥処理設備 垃圾堆肥设备
		ゴミ埋立処理 垃圾填埋设备
市政構造機械 市政机械	排汚水管円滑な 処理設備 管道疏通机械	吸込み汚水車 吸污车
		清掃吸込み汚水車 清洗吸污车
		下水道総合養護車 下水道综合养护车
		下水道浚渫車 下水道疏通车
		下水道浚渫洗浄車 下水道疏通清洗车
		掘削車 掏挖车
		下水道補修点検処理設備 下水道检查修补设备
		汚泥輸送車 污泥运输车
	電柱埋立機械 电杆埋架机械	電柱埋立機械 电杆埋架机械
	パイプ敷設機械 管道铺设机械	パイプ敷設機 铺管机
パーキングと 洗車設備 停车洗车设备	垂直循環式パーキング設備 垂直循环式停车设备	垂直循環式下部出入式パーキング設備 垂直循环式下部出入式停车设备
		垂直循環式中部出入式パーキング設備 垂直循环式中部出入式停车设备
		垂直循環式上部出入式パーキング設備 垂直循环式上部出入式停车设备

グループ/组	タイプ/型	製品/产品
パーキングと 洗車設備 停车洗车设备	多層循環式パーキング設備 多层循环式停车设备	多層圓形循環式パーキング設備 多层圆形循环式停车设备
		多層矩形循環式パーキング設備 多层矩形循环式停车设备
	水平循環式パーキング設備 水平循环式停车设备	水平圓形循環式パーキング設備 水平圆形循环式停车设备
		水平矩形循環式パーキング設備 水平矩形循环式停车设备
	昇降機式パーキング設備 升降机式停车设备	昇降機縦置き式パーキング設備 升降机纵置式停车设备
		昇降機横置き式パーキング設備 升降机横置式停车设备
		昇降機円置き式パーキング設備 升降机圆置式停车设备
	昇降機移動式パーキング設備 升降移动式停车设备	昇降機移動縦置き式パーキング設備 升降移动纵置式停车设备
		昇降機移動横置き式パーキング設備 升降移动横置式停车设备
	平面往復式パーキング設備 平面往复式停车设备	平面往復搬送式パーキング設備 平面往复搬运式停车设备
		平面往復搬送収容式パーキング設備 平面往复搬运收容式停车设备
	二層式パーキング設備 两层式停车设备	二層昇降式パーキング設備 两层升降式停车设备
		二層昇降横移動式パーキング設備 两层升降横移式停车设备
	多層式パーキング設備 多层式停车设备	多層式昇降式パーキング設備 多层升降式停车设备
		多層昇降横移動式パーキング設備 多层升降横移式停车设备
	自動車用回転盤式パーキング設備 汽车用回转盘停车设备	回転式自動車用回転盤 旋转式汽车用回转盘
		回転移動式自動車用回転盤 旋转移动式汽车用回转盘
	自動車用昇降式パーキング設備 汽车用升降机停车设备	昇降式自動車用昇降機 升降式汽车用升降机
		昇降回転式自動車用昇降機 升降回转式汽车用升降机

グループ/组	タイプ/型	製品/产品
パーキングと 洗車設備 停车洗车设备	自動車用昇降式パーキング設備 汽车用升降机停车设备	昇降横移式自動車用昇降機 升降横移式汽车用升降机
	回転プラットフォームーパーキング設備 旋转平台停车设备	回転プラットフォームー 旋转平台
	洗車場機械設備 洗车场机械设备	洗車場機械設備 洗车场机械设备
園芸機械 园林机械	植樹栽穴掘り機 植树挖穴机	自動式植樹栽穴掘り機 自行式植树挖穴机
		ハンド式植樹栽穴掘り機 手扶式植树挖穴机
	樹木移植機 树木移植机	自動式樹木移植機 自行式树木移植机
		牽引式樹木移植機 牵引式树木移植机
		吊り下げ式樹木移植機 悬挂式树木移植机
	樹木輸送車 运树机	多軸牽引式樹木輸送車 多斗拖挂式运树机
	緑化散水多用車 绿化喷洒多用车	液力噴霧式緑化スプレー多用車 液力喷雾式绿化喷洒多用车
	芝刈り機 剪草机	手押し式ロータリーモワー芝刈り機 手推式旋刀剪草机
		牽引式ホブ型の芝刈り機 拖挂式滚刀剪草机
		運転式ホブ型の芝刈り機 乘座式滚刀剪草机
		自動式ホブ型の芝刈り機 自行式滚刀剪草机
		手押し式ホブ型の芝刈り機 手推式滚刀剪草机
		自動往復式芝刈り機 自行式往复剪草机
		手押し式往復の芝刈り機 手推式往复剪草机

(续表)

グループ/组	タイプ/型	製品/产品
園芸機械 园林机械	芝刈り機 剪草机	フレイル式芝刈り機 甩刀式剪草机
		エアクッション式芝刈り機 气垫式剪草机
娯楽設備 娱乐设备	車式娯楽設備 车式娱乐设备	ミニレース 小赛车
		ミニぶっかり合い車 碰碰车
		展望車 观览车
		電気自動車 电瓶车
		観光車 观光车
	水上娯楽設備 水上娱乐设备	水所電気自動船 电瓶船
		自転船 脚踏船
		ミニぶっかり合い船 碰碰船
		激流勇進船 激流勇进船
		水上遊覧船 水上游艇
	地面娯楽設備 地面娱乐设备	ゲーム機 游艺机
		トランポリン 蹦床
		メリーゴーランド 转马
		電光石火 风驰电掣
	空中娯楽設備 腾空娱乐设备	自動制御飛行機 旋转自控飞机
		月着陸ロケット 登月火箭

グループ/组	タイプ/型	製品/产品
娯楽設備 娱乐设备	空中娯楽設備 腾空娱乐设备	空中回転椅 空中转椅
		宇宙旅行 宇宙旅行
	その他娯楽設備 其他娱乐设备	
その他の市政構造 と環境衛生機械 其他市政与 环卫机械		

11 コンクリート機械 混凝土制品机械

グループ/组	タイプ/型	製品/产品
コンクリートブ ロック成形機 混凝土砌块 成型机	移動式 移动式	移動式油圧離型コンクリートブロック成形機 移动式液压脱模混凝土砌块成型机
		移動式機械離型コンクリートブロック成形機 移动式机械脱模混凝土砌块成型机
		移動式人工離型コンクリートブロック成形機 移动式人工脱模混凝土砌块成型机
	固定式 固定式	固定式振動モード油圧離型コンクリートブロック成形機 固定式模振液压脱模混凝土砌块成型机
		固定式振動モード機械離型コンクリートブロック成形機 固定式模振机械脱模混凝土砌块成型机
		固定式振動モード人工離型コンクリートブロック成形機 固定式模振人工脱模混凝土砌块成型机
		固定式台振動油圧離型コンクリートブロック成形機 固定式台振液压脱模混凝土砌块成型机

（续表）

グループ/组	タイプ/型	製品/产品
コンクリートブロック成形機 混凝土砌块成型机	固定式 固定式	固定式台振動機械離型コンクリートブロック成形機 固定式台振机械脱模混凝土砌块成型机
		固定式台振動人工離型コンクリートブロック成形機 固定式台振人工脱模混凝土砌块成型机
	積層式 叠层式	積層式コンクリートブロック成形機 叠层式混凝土砌块成型机
	レイヤードフイリグブロック式 分层布料式	レイヤードフイリグブロック式コンクリートブロック成形機 分层布料式混凝土砌块成型机
コンクリートブロック生産プラント 混凝土砌块生产成套设备	全自動 全自动	全自動台振動コンクリートブロック生産線 全自动台振混凝土砌块生产线
		全自動振動モードコンクリートブロック生産線 全自动模振混凝土砌块生产线
	半自動 半自动	半自動台振動コンクリートブロック生産線 半自动台振混凝土砌块生产线
		半自動振動モードコンクリートブロック生産線 半自动模振混凝土砌块生产线
	簡易式 简易式	簡易台振動コンクリートブロック生産線 简易台振混凝土砌块生产线
		簡易振動モードコンクリートブロック生産線 简易模振混凝土砌块生产线
充填空気コンクリートブロック生産プラント 加气混凝土砌块成套设备	充填空気コンクリートブロック生産プラント 加气混凝土砌块设备	充填空気コンクリートブロック生産線 加气混凝土砌块生产线
発泡コンクリートブロック生産プラント 泡沫混凝土砌块成套设备	発泡コンクリートブロック生産プラント 泡沫混凝土砌块设备	発泡コンクリートブロック生産線 泡沫混凝土砌块生产线

グループ/组	タイプ/型	製品/产品
コンクリートホローマシン 混凝土空心板成型机	押出し式 挤压式	外振式単塊コンクリート押出しマシン 外振式单块混凝土空心板挤压成型机
		外振式両塊コンクリート押出しマシン 外振式双块混凝土空心板挤压成型机
		内振式単塊コンクリート押出しマシン 内振式单块混凝土空心板挤压成型机
		内振式両塊コンクリート押出しマシン 内振式双块混凝土空心板挤压成型机
	ホロー 推压式	外振式単塊コンクリートホローマシン 外振式单块混凝土空心板推压成型机
		外振式両塊コンクリートホローマシン 外振式双块混凝土空心板推压成型机
		外振式単塊コンクリートホローマシン 内振式单块混凝土空心板推压成型机
		外振式両塊コンクリートホローマシン 内振式双块混凝土空心板推压成型机
	プルモード 拉模式	自走型外振コンクリートホロープルモードマシン 自行式外振混凝土空心板拉模成型机
		牽引型外振コンクリートホロープルモードマシン 牵引式外振混凝土空心板拉模成型机
		自走型内振コンクリートホロープルモードマシン 自行式内振混凝土空心板拉模成型机
		牽引型内振コンクリートホロープルモードマシン 牵引式内振混凝土空心板拉模成型机
コンクリート部材成型機 混凝土构件成型机	振動台式成型機 振动台式成型机	電動振動台式コンクリート部材成型機 电动振动台式混凝土构件成型机

39

グループ/组	タイプ/型	製品/产品
コンクリート部材成型機 混凝土构件成型机	振動台式成型機 振动台式成型机	気動振動台式コンクリート部材成型機 气动振动台式混凝土构件成型机
		無架台振動台式コンクリート部材成型機 无台架振动台式混凝土构件成型机
		水平方向振動台式コンクリート部材成型機 水平定向振动台式混凝土构件成型机
		衝撃振動台式コンクリート部材成型機 冲击振动台式混凝土构件成型机
		ローラーパルス振動台式コンクリート部材成型機 滚轮脉冲振动台式混凝土构件成型机
		セグメントの組み合わせ振動台式コンクリート部材成型機 分段组合振动台式混凝土构件成型机
	回転プレッシング成型機 盘转压制式成型机	コンクリート部材回転プレッシング成型機 混凝土构件盘转压制成型机
	てこプレッシング成型機 杠杆压制式成型机	コンクリート部材てこプレッシング成型機 混凝土构件杠杆压制成型机
	ケーブル台座式 长线台座式	ケーブル台座式コンクリート部材生産プラント 长线台座式混凝土构件生产成套设备
	平型連動式 平模联动式	平型連動式コンクリート部材生産プラント 平模联动式混凝土构件生产成套设备
	機械連動式 机组联动式	機械連動式コンクリート部材生産プラント 机组联动式混凝土构件生产成套设备
コンクリート管成型機 混凝土管成型机	遠心式 离心式	ローラー遠心式コンクリート管成型機 滚轮离心式混凝土管成型机
		旋盤遠心式コンクリート管成型機 车床离心式混凝土管成型机
	押出し式 挤压式	懸濁式押出しコンクリート管成型機 悬辊式挤压混凝土管成型机

グループ/组	タイプ/型	製品/产品
コンクリート 管成型機 混凝土管成型机	押出し式 挤压式	立式押出しコンクリート管成型機 立式挤压混凝土管成型机
		立式振動押出しコンクリート管成型機 立式振动挤压混凝土管成型机
セメント瓦 成型機 水泥瓦成型机	セメント瓦成型機 水泥瓦成型机	セメント瓦成型機 水泥瓦成型机
基板成型プラント 墙板成型设备	基板成型機 墙板成型机	基板成型機 墙板成型机
コンクリート部 材フィニッシャ 混凝土构件 修整机	真空吸水装置 真空吸水装置	コンクリート真空吸水装置 混凝土真空吸水装置
	切断機 切割机	ハンド式コンクリート切断機 手扶式混凝土切割机
		自走型コンクリート切断機 自行式混凝土切割机
	表面光沢機 表面抹光机	ハンド式コンクリート表面光沢機 手扶式混凝土表面抹光机
		自走型コンクリート表面光沢機 自行式混凝土表面抹光机
	ひきぬき機 磨口机	コンクリートパイプひきぬき機 混凝土管件磨口机
鋼テンプレート 及び付属機械品 模板及配件机械	鋼テンプレート 圧廷機 钢模板轧机	鋼テンプレート圧廷機 钢模版连轧机
		鋼テンプレートウネリ圧廷機 钢模板凸棱轧机
	鋼テンプレート 洗清機 钢模板清理机	鋼テンプレート洗清機 钢模板清理机
	鋼テンプレート 校正機 钢模板校形机	鋼テンプレート多機能校正機 钢模板多功能校形机
	鋼テンプレート の付属品 钢模板配件	鋼テンプレートU型カード成型機 钢模板 U 形卡成型机
		鋼テンプレートと鋼パイプ校正機 钢模板钢管校直机
その他のコンク リート機械 其他混凝土制品 机械		

41

12　高所作業機械　高空作业机械

グループ/组	タイプ/型	製品/产品
高所作業車 高空作业车	普通型高所作業車 普通型高空作业车	伸縮式高所作業車 伸臂式高空作业车
		折り畳みアーム式高所作業車 折叠臂式高空作业车
		垂直昇降式高所作業車 垂直升降式高空作业车
		ハイブリッド式高所作業車 混合式高空作业车
	高木剪定車 高树剪枝车	高木剪定車 高树剪枝车
		牽引型高木剪定車 拖式高空剪枝车
	高所絶縁車 高空绝缘车	高所絶縁闘腕車 高空绝缘斗臂车
		牽引型高所絶縁車 拖式高空绝缘车
	橋の点検プラント 桥梁检修设备	橋の点検車 桥梁检修车
		牽引型橋の点検プラットホーム 拖式桥梁检修平台
	高所撮影車 高空摄影车	高所撮影車 高空摄影车
	航空地面サポート車 航空地面支持车	航空地面サポート用昇降機 航空地面支持用升降车
	飛行機用の除氷と 防氷車 飞机除冰防冰车	飛行機用の除氷と防氷車 飞机除冰防冰车
	消防救助車 消防救援车	高所消防救助車 高空消防救援车
高所作業プラットホーム 高空作业平台	シザータイプ式高所作業プラットホーム 剪叉式高空作业平台	固定シザータイプ式 高所作業プラットホーム 固定剪叉式高空作业平台
		移動シザータイプ式 高所作業プラットホーム 移动剪叉式高空作业平台
		自走シザータイプ式 高所作業プラットホーム 自行剪叉式高空作业平台

（续表）

グループ/组	タイプ/型	製品/产品
高所作業プラットホーム 高空作业平台	ブーム式高所作業プラットホーム 臂架式高空作业平台	固定ブーム式 高所作業プラットホーム 固定臂架式高空作业平台
		移動ブーム式 高所作業プラットホーム 移动臂架式高空作业平台
		自走ブーム式 高所作業プラットホーム 自行臂架式高空作业平台
	スリーブシリダー式 高所作業プラットホーム 套筒油缸式高空作业平台	固定スリーブシリダー式 高所作業プラットホーム 固定套筒油缸式高空作业平台
		移動スリーブシリダー式 高所作業プラットホーム 移动套筒油缸式高空作业平台
	マスト式 高所作業プラットホーム 桅柱式高空作业平台	固定マスト式 高所作業プラットホーム 固定桅柱式高空作业平台
		移動マスト式 高所作業プラットホーム 移动桅柱式高空作业平台
		自走マスト式 高所作業プラットホーム 自行桅柱式高空作业平台
	ガイドレール式 高所作業プラットホーム 导架式高空作业平台	固定ガイドレール式 高所作業プラットホーム 固定导架式高空作业平台
		移動ガイドレール式 高所作業プラットホーム 移动导架式高空作业平台
		自走ガイドレール式 高所作業プラットホーム 自行导架式高空作业平台
その他の高所作業機械 其他高空作业机械		

43

13 装飾機械 装修机械

グループ/组	タイプ/型	製品/产品
セメントモルタル調製及び噴霧機械 砂浆制备及喷涂机械	砂スクリーニング機 筛砂机	電動式砂スクリーニング機 电动式筛砂机
	セメントモルタルミキサー 砂浆搅拌机	横軸式セメントモルタルミキサー 卧轴式灰浆搅拌机
		立軸式セメントモルタルミキサー 立轴式灰浆搅拌机
		回転筒式セメントモルタルミキサー 筒转式灰浆搅拌机
	ポンプモルタル輸送ポンプ 泵浆输送泵	ピストン単ミリンダーセメントモルタルミキサー 柱塞式单缸灰浆泵
		ピストン両ミリンダーセメントモルタルミキサー 柱塞式双缸灰浆泵
		ダイヤフラム式セメントモルタルポンプ 隔膜式灰浆泵
		気圧式セメントモルタルポンプ 气动式灰浆泵
		スクイーズ式セメントモルタルポンプ 挤压式灰浆泵
		スクリュー式セメントモルタルポンプ 螺杆式灰浆泵
	セメントモルタル連合機 砂浆联合机	セメントモルタル連合機 灰浆联合机
	漆喰打ち機 淋灰机	漆喰打ち機 淋灰机
	ヘンプ漆喰ミキサー 麻刀灰拌和机	ヘンプ漆喰ミキサー 麻刀灰拌和机
塗料ブラッシング機械 涂料喷刷机械	パルプポンプ 喷浆泵	パルプポンプ 喷浆泵

グループ/组	タイプ/型	製品/产品
塗料ブラッシング機械 涂料喷刷机械	エヤレススプレーユニット機 无气喷涂机	気動式無気ペイントステンシル機械 气动式无气喷涂机
		電動式エヤレススプレーユニット機 电动式无气喷涂机
		内燃式エヤレススプレーユニット機 内燃式无气喷涂机
		高圧式エヤレススプレーユニット機 高压无气喷涂机
	エヤスプレーユニット機 有气喷涂机	抽気式エヤスプレーユニット機 抽气式有气喷涂机
		自壊式エヤスプレーユニット機 自落式有气喷涂机
	可塑機 喷塑机	可塑機 喷塑机
	石膏スプレーユニット機 石膏喷涂机	石膏スプレーユニット機 石膏喷涂机
ペイント装置及びスプレーマシン 油漆制备及喷涂机械	ペイントスプレーマシン 油漆喷涂机	ペイントスプレーマシン 油漆喷涂机
	ペイントミキサー 油漆搅拌机	ペイントミキサー 油漆搅拌机
地上整備機械 地面修整机械	地上研磨機 地面抹光机	地上研磨機 地面抹光机
	床磨き機 地板磨光机	床磨き機 地板磨光机
	スカートライングラインダ 踢脚线磨光机	スカートライングラインダ 踢脚线磨光机
	地面テラゾー研磨機 地面水磨石机	単皿の水臼石機 单盘水磨石机
		両皿の水臼石機 双盘水磨石机
		ダイヤモンド地面テラゾー研磨機ユ 金刚石地面水磨石机
	床削り機 地板刨平机	床削り機 地板刨平机

(续表)

グループ/组	タイプ/型	製品/产品
地上整備機械 地面修整机械	ワックスガケ機 打蜡机	ワックスガケ機 打蜡机
	地上掃除機 地面清除机	地上掃除機 地面清除机
	床煉瓦切断機 地板砖切割机	床煉瓦切断機 地板砖切割机
屋根機械の内装 屋面装修机械	アスファル塗布機 涂沥青机	屋根アスファル塗布機 屋面涂沥青机
	フェルトの鋪装機 铺毡机	屋根フェルトの鋪装機 屋面铺毡机
高所作業用ゴンドラ 高处作业吊篮	手動式高所作業用 ゴンドラ 手动式高处作业吊篮	手動高所作業用ゴンドラ 手动高处作业吊篮
	気動式高所作業用 ゴンドラ 气动式高处作业吊篮	気動高所作業用ゴンドラ 气动高处作业吊篮
	電動式高所作業用 ゴンドラ 电动式高处作业吊篮	電動ロープウェイ式高所作業用ゴンドラ 电动爬绳式高处作业吊篮
		電動巻揚げ式高所作業用ゴンドラ 电动卷扬式高处作业吊篮
窓拭き機 擦窗机	ホイール式窓拭き機 轮毂式擦窗机	ホイール式伸縮起伏窓拭き機 轮毂式伸缩变幅擦窗机
		ホイール式手押し車起伏窓拭き機 轮毂式小车变幅擦窗机
		ホイール式ブーム起伏窓拭き機 轮毂式动臂变幅擦窗机
	屋根軌道式窓拭き機 屋面轨道式擦窗机	屋根軌道式伸縮起伏窓拭き機 屋面轨道式伸缩臂变幅擦窗机
		屋根軌道式手押し車起伏窓拭き機 屋面轨道式小车变幅擦窗机
		屋根軌道式ブーム起伏窓拭き機 屋面轨道式动臂变幅擦窗机
	吊り下げ式軌道 窓拭き機 悬挂轨道式擦窗机	吊り下げ式軌道窓拭き機 悬挂轨道式擦窗机
	挿入式ウインドウク リーンマシン 插杆式擦窗机	挿入式ウインドウクリーンマシン 插杆式擦窗机
	滑り台式窓拭き機 滑梯式擦窗机	滑り台式窓拭き機 滑梯式擦窗机

（续表）

グループ/组	タイプ/型	製品/产品
建築機械の内装 建筑装修机具	釘射ち機 射钉机	釘射ち機 射钉机
	壁髭削り機 铲刮机	電動壁髭削り機 电动铲刮机
	溝切り機 开槽机	コンクリート溝切り機 混凝土开槽机
	石切機 石材切割机	石切機 石材切割机
	セクションカッター 型材切割机	セクションカッター 型材切割机
	除去機械 剥离机	除去機械 剥离机
	電気角グラインダー 角向磨光机	電気角グラインダー 角向磨光机
	コンクリートカッター 混凝土切割机	コンクリートカッター 混凝土切割机
	コンクリートミシン 混凝土切缝机	コンクリートミシン 混凝土切缝机
	コンクリートドリルマシン 混凝土钻孔机	コンクリートドリルマシン 混凝土钻孔机
	砥石グラインダー 水磨石磨光机	砥石グラインダー 水磨石磨光机
	電気ショベル 电镐	電気ショベル 电镐
その他の機械の 内装 其他装修机械	壁紙機械 贴墙纸机	壁紙機械 贴墙纸机
	スパイラル精石機 螺旋洁石机	単スパイラル精石機 单螺旋洁石机
	パンチ 穿孔机	パンチ 穿孔机
	穴圧モルタル剤 孔道压浆剂	こうどう圧搾剤 孔道压浆剂
	ベンディングマシン 弯管机	ベンディングマシン 弯管机
	パイプスレッド 切断機 管子套丝切断机	パイプスレッド切断機 管子套丝切断机

（续表）

グループ/组	タイプ/型	製品/产品
その他の機械の 内装 其他装修机械	曲げスレッディング 管材弯曲套丝机	曲げスレッディング 管材弯曲套丝机
	勾配機 坡口机	電動勾配機 电动坡口机
	弾性塗装機 弹涂机	電動弾性塗装機 电动弹涂机
	ローラ塗装機 滚涂机	電動ローラ塗装機 电动滚涂机

14　鉄筋とプレストレスド機械 钢筋及预应力机械

グループ/组	タイプ/型	製品/产品
鉄筋強化機械 钢筋强化机械	鉄筋引き抜き機 钢筋拉直机	ウインチ鉄筋冷間引き抜き機冷間 卷扬机式钢筋冷拉机
		油圧式鉄筋冷間引き抜き機冷間 液压式钢筋冷拉机
		ローラー式鉄筋冷間引き抜き機冷間 滚轮式钢筋冷拉机
	鉄筋冷間引き抜き機 钢筋冷拔机	垂直式鉄筋冷間引き抜き機 立式冷拔机
		水平式鉄筋冷間引き抜き機 卧式冷拔机
		直列式鉄筋冷間引き抜き機 串联式冷拔机
	冷製鋼鉄筋冷間圧延 成型機 冷轧钢筋带肋成型机	アクティブ冷製鋼鉄筋冷間圧延成 型機 主动冷轧带肋钢筋成型机
		バスィウ冷製鋼鉄筋冷間圧延成型機 被动冷轧带肋钢筋成型机
	冷製鋼鉄筋冷間圧搾 成型機 冷轧扭钢筋成型机	長方形冷製鋼鉄筋冷間圧搾成型機 长方形冷轧扭钢筋成型机
		正方形冷製鋼鉄筋冷間圧搾成型機 正方形冷轧扭钢筋成型机
	ダイ延伸螺旋鉄筋 成型機 冷拔螺旋钢筋成型机	方形ダイ延伸螺旋鉄筋成型機 方形冷拔螺旋钢筋成型机
		円形ダイ延伸螺旋鉄筋成型機 圆形冷拔螺旋钢筋成型机

（续表）

グループ/组	タイプ/型	製品/产品
単品鋼鉄成型機械 单件钢筋成型机械	鉄筋切断機 钢筋切断机	ハンド式鉄筋切断機 手持式钢筋切断机
		水平式鉄筋切断機 卧式钢筋切断机
		垂直式鉄筋切断機 立式钢筋切断机
		オイ切リ式鉄筋切断機 颚剪式钢筋切断机
	鉄筋切断生産線 钢筋切断生产线	鉄筋切断生産線 钢筋剪切生产线
		鉄筋鋸断生産線 钢筋锯切生产线
	鉄筋矯正切断機 钢筋调直切断机	機械式鉄筋矯正切断機 械式钢筋调直切断机
		油圧式鉄筋矯正切断機 液压式钢筋调直切断机
		気動式鉄筋矯正切断機 气动式钢筋调直切断机
	アングルベンダー 钢筋弯曲机	機械式アングルベンダー 机械式钢筋弯曲机
		油圧式アングルベンダー 液压式钢筋弯曲机
	アングルベンダー生産線 钢筋弯曲生产线	垂直式アングルベンダー生産線 立式钢筋弯曲生产线
		水平式アングルベンダー生産線 卧式钢筋弯曲生产线
	スバイラルフープ曲げ機 钢筋弯弧机	機械式スバイラルフープ曲げ機 机械式钢筋弯弧机
		油圧式スバイラルフープ曲げ機 液压式钢筋弯弧机
	あぶみ曲げる 钢筋弯箍机	数値制御鉄筋曲げふるい機 数控钢筋弯箍机
	鉄筋捻じ込み成型機 钢筋螺纹成型机	鉄筋タップ成型機 钢筋锥螺纹成型机
		鉄筋ニップル成型機 钢筋直螺纹成型机

49

グループ/组	タイプ/型	製品/产品
単品鋼鉄成型機械 单件钢筋成型机械	鉄筋捻じ込み生産線 钢筋螺纹生产线	鉄筋捻じ込み生産線 钢筋螺纹生产线
	鉄筋棒鋼ヘッダー 钢筋墩头机	鉄筋棒鋼ヘッダー 钢筋墩头机
組み合せ鋼鉄成型機械 组合钢筋成型机械	鉄筋網成型機 钢筋网成型机	鉄筋網熔接成型機 钢筋网焊接成型机
	鉄筋スチールケージ成型機 钢筋笼成型机	手動鉄筋スチールケージ熔接成型機 手动焊接钢筋笼成型机
		気動鉄筋スチールケージ熔接成型機 自动焊接钢筋笼成型机
	鉄筋トラス成型機 钢筋桁架成型机	機械式鉄筋トラス成型機 机械式钢筋桁架成型机
		油圧式鉄筋トラス成型機 液压式钢筋桁架成型机
鋼鉄接続機械 钢筋连接机械	鉄筋溶接機 钢筋对焊机	機械式鉄筋溶接機 机械式钢筋对焊机
		油圧式鉄筋溶接機 液压式钢筋对焊机
	鉄筋スラグ圧力溶接機 钢筋电渣压力焊机	鉄筋スラグ圧力溶接機 钢筋电渣压力焊机
	鉄筋気圧溶接機 钢筋气压焊机	クローズド式鉄筋気圧溶接機 闭合式气压焊机
		オープン鉄筋気圧溶接機 敞开式气压焊机
	鉄筋スリーブ押出し機 钢筋套筒挤压机	ラジアル鉄筋スリーブ押出し機 径向钢筋套筒挤压机
		軸向鉄筋スリーブ押出し機 轴向钢筋套筒挤压机
プリチャージ機械 预应力机械	プリチャージ鉄筋棒鋼ヘッダー 预应力钢筋墩头器	電動コールドヘッダー 电动冷镦机
		油圧コールドヘッダー 液压冷镦机
	プレストレス鉄筋張力ジャック 预应力钢筋张拉机	機械式鉄筋張力ジャック 机械式张拉机
		油圧鉄筋張力ジャック 液压式张拉机

グループ/组	タイプ/型	製品/产品
プリチャージ 機械 预应力机械	プレストレス鉄筋 穿束機 预应力钢筋穿束机	プリチャージ鉄筋穿束機 预应力钢筋穿束机
		プリチャージ鉄筋パルプ 预应力钢筋灌浆机
	プレストレス ジャッキ 预应力千斤顶	フォワード式プレストレスジャッキ 前卡式预应力千斤顶
		連続式プレストレスジャッキ 连续式预应力千斤顶
プリチャージ 錨地具 预应力机具	プリチャージ鉄筋 錨地具 预应力筋用锚具	フォワード式プリチャージ鉄筋錨 地具 前卡式预应力锚具
		穿心式プリチャージ鉄筋錨地具 穿心式预应力锚具
	プリチャージ鉄筋 クランプ 预应力筋用夹具	プリチャージ鉄筋クランプ 预应力筋用夹具
	プリチャージ鉄筋 コネクタ 预应力筋用连接器	プリチャージ鉄筋コネクタ 预应力筋用连接器
その他の鉄筋プ レストレス機械 其他钢筋及 预应力机械		

51

15 岩切り機械 凿岩机械

グループ/组	タイプ/型	製品/产品
岩切り機械 凿岩机	気圧ハンド式岩切 り機械 气动手持式凿岩机	ハンド式岩切り機械 手持式凿岩机
	気圧岩切り機械 气动凿岩机	空気脚手持ち式両用エアハンマードリル機 手持气腿两用凿岩机
		エアレッグ式ハンマードリル機 气腿式凿岩机
		エアレッグ式高周波ハンマードリル機 气腿式高频凿岩机

グループ/组	タイプ/型	製品/产品
岩切り機械 凿岩机	気圧岩切り機械 气动凿岩机	気圧向上ハンマードリル機 气动向上式凿岩机
		エアガイド式岩切り機械 气动导轨式凿岩机
		エアガイド式独立回転ハンマードリル機 气动导轨式独立回转凿岩机
	ハンド式内燃岩切り機械 内燃手持式凿岩机	ハンド式内燃岩切り機械 手持式内燃凿岩机
	油圧岩切り機械 液压凿岩机	ハンド式油圧岩切り機械 手持式液压凿岩机
		脚手持ち式油圧岩切り機械 支腿式液压凿岩机
		エアガイド式油圧岩切り機械 导轨式液压凿岩机
	電動岩切り機械 电动凿岩机	ハンド式電動ハンマードリル機 手持式电动凿岩机
		脚手持ち式電動ハンマードリル機 支腿式电动凿岩机
		エアガイド式電動ハンマードリル機 导轨式电动凿岩机
露天ダンドリルと露天ダンドリル車 露天钻车钻机	気動と半油圧とキャタピラー式露天エアドリル 气动、半液压履带式露天钻机	キャタピラ式露天エアドリル 履带式露天钻机
		キャタピラー式内孔露天内孔ドリル 履带式潜孔露天潜孔钻机
		キャタピラー式内孔露天中圧と高圧内孔ドリル 履带式潜孔露天中压/高压潜孔钻机
	気動と半油圧とタイヤ式露天エアドリル 气动、半液压轨轮式露天钻车	タイヤ式露天ダンドリル車 轮胎式露天钻车
		レール式露天ダンドリル 轨轮式露天钻车
	油圧キャタピラー式露天エアドリル 液压履带式钻机	キャタピラー式露天エアドリル 履带式露天液压钻机
		キャタピラー式油圧露天内孔ドリル 履带式露天液压潜孔钻机

52

グループ/组	タイプ/型	製品/产品
露天ダンドリル と露天ダンドリ ル車 露天钻车钻机	油圧露天ダンドリ ル車 液压钻车	タイヤ式油圧露天ダンドリル車 轮胎式露天液压钻车
		レール式油圧露天ダンドリル車 轨轮式露天液压钻车
マイニングドリ ルとマイニング ジャンボ 井下钻车钻机	気圧と半油圧とキ ャタピラー式マイ ニングドリル 气动、半液压履带式 钻机	キャタピラー式マイニングドリル 履带式采矿机
		キャタピラー式ショベル 履带式掘进钻机
		キャタピラー式ボルトボール盤機 履带式锚杆钻机
	気圧と半油圧式マイ ニングジャンボ 气动、半液压式钻车	タイヤ式ドリルとショベルとボルト ボール盤機 轮胎式采矿/掘进/锚杆钻车
		レール式ドリルとショベルとボルト ボール盤機 轨轮式采矿/掘进/锚杆钻车
	全油圧キャタピラー 式マイニングドリル 全液压履带式钻机	キャタピラー式油圧ドリルとショベ ルとボルトボール盤機 履带式液压采矿/掘进/锚杆钻机
	全油圧マイニング ジャンボ 全液压钻车	タイヤ式油圧ドリルとショベルとボ ルトボール盤機 轮胎式液压采矿/掘进/锚杆钻车
		レール式油圧ドリルとショベルとボ ルトボール盤機 轨轮式液压采矿/掘进/锚杆钻车
気圧衝撃器 气动潜孔冲击器	低気圧内孔衝撃器 低气压潜孔冲击器	内孔衝撃器 潜孔冲击器
	中圧と高圧内孔 衝撃器 中压/高压潜孔冲击器	中圧と高圧内孔衝撃器 中压/高压潜孔冲击器
岩切り機械の 補助装置 凿岩辅助设备	張出し材 支腿	エア脚と水脚とオイルレッグ　ハン ドクランキングレッグ 气腿/水腿/油腿/手摇式支腿
	柱形スクリューホ ルダー 柱式钻架	単柱形スクリューホルダー 両柱形スクリューホルダー 单柱式/双柱式钻架
	リングガイドドリ ルグ 圆盘式钻架	円盤式と傘形とリングガイドスクリ ューホルダー 圆盘式/伞式/环形钻架

53

（续表）

グループ/组	タイプ/型	製品/产品
岩切り機械の補助装置 凿岩辅助设备	その他 其他	ダスター　給油器　フライスナイフ 研削機 集尘器、注油器、磨钎机
其の他の岩切り機械 其他凿岩机械		

16　空気圧ツール　气动工具

グループ/组	タイプ/型	製品/产品
回転式空気圧ツール 回转式气动工具	空気圧彫刻ペン 雕刻笔	空気圧彫刻ペン 气动雕刻笔
	空気圧ドリル 气钻	ストレートハンドル式空気ドリル ビストルグリップトルク式空気ドリル サイドヘンドル空気ドリル 複合式空気圧ドリル 空気開頭空気圧ドリル 空気ドリル 直柄式/枪柄式/侧柄式/组合用气钻/ 气动开颅钻/气动牙钻
	空気圧タッパー 攻丝机	ストレートハンドル式空気圧タッパー ビストルグリップトルク式空気圧タッパー 複合式空気圧タッパー 直柄式/枪柄式/组合用气动攻丝机
	空気グラインダー 砂轮机	ストレートハンドル式空気グラインダー 角度式空気グラインダー 断面式空気グラインダー 複合式空気圧グラインダー ストレートハンドル式空気圧ワイヤーブラシ 直柄式/角向/断面式/组合气动砂轮机/直柄式气动钢丝刷
	空気圧光沢機 抛光机	エンド空気圧光沢機 ベリフェラリ空気圧光沢機 角度空気圧光沢機 端面/圆周/角向抛光机

(续表)

グループ/组	タイプ/型	製品/产品
回転式空気圧 ツール 回转式气动工具	空気圧 エキセントリック 磨光机	エンド式空気圧エキセントリック ベリフェラリ式空気圧エキセントリック 往復式空気圧エキセントリック ベルト式空気圧エキセントリック スケートボード式空気圧エキセントリック 三角式空気圧エキセントリック 端面/圆周/往复式/砂带式/滑板式/ 三角式气动磨光机
	空気圧フライス 铣刀	空気圧フライス 角度式空気圧フライス 气铣刀/角式气铣刀
	空気圧ガスソ鋸 气锯	ベルト式ガスソ空気圧ガスソ鋸 ベルトリポンスクリュー式ガスソ空気圧ガスソ鋸 リングガイド式ガスソ空気圧ガスソ鋸 チューンガスソ空気圧ガスソ鋸 带式/带式摆动/圆盘式/链式气锯
		空気圧ガスソ細鋸 气动细锯
	空気圧剪切リ機 剪刀	気動剪切リ機 気動パンチ 气动剪切机/气动冲剪机
	空気圧ドライバー 气螺刀	ストレートハンドル式失速型エアボルト ビストルグリップトルク式失速型エアボルト 角度式失速型エアボルト 直柄式/枪柄式/角式失速型气螺刀
	空気圧レンチ 气扳机	ビストルグリップトルク式失速型制御空気圧レンチ ビストルグリップトルク式クラッチ型制御空気圧レンチ ビストルグリップトルク式自動型制御空気圧レンチ 枪柄式失速型/离合型/自动关闭型纯扭气扳机
		空気圧ワームインパクトレンチ 气动螺柱气扳机

グループ/组	タイプ/型	製品/产品
回転式空気圧ツール 回转式气动工具	空気圧レンチ 气扳机	ストレートハンドル式制御空気圧レンチ ストレートハンドル式空気圧レンチ 直柄式/直柄式定扭矩气扳机
		エネルギー貯蔵型空気圧レンチ 储能型气扳机
		ストレートハンドル式高速空気圧レンチ 直柄式高速气扳机
		ビストルグリップトルク式空気圧レンチ ビストルグリップトルク式制御空気圧レンチ ビストルグリップトルク式高速空気圧レンチ 枪柄式/枪柄式定扭矩/枪柄式高速气扳机
		角度式高速空気圧レンチ 角度式制御高速空気圧レンチ 角度式高速空気圧レンチ 角式/角式定扭矩/角式高速气扳机
		複合式空気圧レンチ 组合式气扳机
		ストレート式パルス空気圧レンチ ビストルグリップトルク式パルス空気圧レンチ 角度式パルス空気圧レンチ 電子制御型パルス空気圧レンチ 直柄式/枪柄式/角式/电控型脉冲气扳机
	振動器 振动器	回転式空気圧振動器 回转式气动振动器
空気圧インパクトクラッシャーツール 冲击式气动工具	リベット締め機 铆钉机	ストレートハンドル式空気圧ハンマー 彎曲ハンドル式空気圧ハンマー ビストルグリップトルクリベット空気圧ハンマー 直柄式/弯柄式/枪柄式气动铆钉机
		空気圧リベットプラー 空気圧スクイズリベット 气动拉铆钉机/压铆钉机

（续表）

グループ/组	タイプ/型	製品/产品
空気圧インパクトクラッシャーツール 冲击式气动工具	釘打機 打钉机	空気圧式釘打機 空気圧スロット形釘打機 空気圧 U 形釘打機 气动打钉机/条形钉/U 型钉气动打钉机
	嵌合機 订合机	空気圧嵌合機 气动订合机
	折り曲げ機 折弯机	折り曲げ機 折弯机
	プリンタ器 打印器	プリンタ器 打印器
	クランプ 钳	空気圧クランプ 油圧クランプ 气动钳/液压钳
	裂開機 劈裂机	空気圧裂開機 油圧裂開機 气动/液压劈裂机
	拡がり器 扩张器	油圧拡がり器 液压扩张机
	油圧カット 液压剪	油圧カット 液压剪
	かき混ぜ機 搅拌机	空気圧かき混ぜ機 气动搅拌机
	ベールスタッカ 捆扎机	空気圧ベールスタッカ 气动捆扎机
	シール機械 封口机	空気圧シール機械 气动封口机
	破砕ハンマー 破碎锤	空気破砕ハンマー 气动破碎锤
	ロッド 镐	空気ロッド 油圧ロッド 内燃ロッド 電動ロッド 气镐、液压镐、内燃镐、电动镐
	空気ブレード 气铲	ストレートハンドル式空気ブレード 彎曲ハンドル式空気ブレード リングハンドル式空気ブレード ロックショル 直柄式/弯柄式/环柄式气铲/铲石机

57

(续表)

グループ/组	タイプ/型	製品/产品
空気圧インパクトクラッシャーツール 冲击式气动工具	バラストタン 捣固机	空気圧バラストタン 枕木バラストタン 突き固め土バラストタン 气动捣固机/枕木捣固机/夯土捣固机
	グレーター 锉刀	回転式空気圧グレーター 往復式空気圧グレーター 回転往復式空気圧グレーター 回転スウイング式空気圧グレーター 旋转式/往复式/旋转往复式/旋转摆动式气锉刀
	スクレーパー 刮刀	空気圧スクレーパー スウイング式空気圧スクレーパー 气动刮刀/气动摆动式刮刀
	ルータ 雕刻机	回転式空気圧ルータ 回转式气动雕刻机
	チッパ 凿毛机	空気圧チッパ 气动凿毛机
	振動器 振动器	気動式振動棒 气动振动棒
		衝撃式振動器 冲击式振动器
その他の空気圧ツール機械 其他气动机械	気動式モーター 气动马达	パケット式空気圧モーター 叶片式气动马达
		ピストン式空気圧モーター 活塞式/轴向活塞式气动马达
		ギア式空気圧モーター 齿轮式气动马达
		タービン式空気圧モーター 透平式气动马达
	空気ポンプ 气动泵	空気圧ポンプ 气动泵
		空気圧隔膜ポンプ 气动隔膜泵
	エアホイスト 气动吊	リングチェーン式エアホイスト ワイヤー式エアホイスト 环链式/钢绳式气动吊
	空気リーマとヒンジ 气动绞车/绞盘	空気リーマ 空気ヒンジ 气动绞车/气动绞盘

（続表）

グループ/组	タイプ/型	製品/产品
その他の空気圧 ツール機械 其他气动机械	空気圧杭打ち機 气动桩机	空気圧パイルドライバー機 空気杭打ち機 气动打桩机/拔桩机
その他の空気圧 ツール 其他气动工具		

17　軍用建設機械 军用工程机械

グループ/组	タイプ/型	製品/产品
道路機械 道路机械	装甲建設車 装甲工程车	クローラ式装甲建設車 履带式装甲工程车
		ホイール式装甲建設車 轮式装甲工程车
	多用途建設車 多用工程车	クローラ式多用途建設車 履带式多用工程车
		ホイール式多用途建設車 轮式多用工程车
	ブルドーザー 推土机	クローラ式ブルドーザー 履带式推土机
		ホイール式ブルドーザー 轮式推土机
	ローダー 装载机	ホイール式ローダー 轮式装载机
		スライド式ローダー 滑移装载机
	道ならし機 平地机	自動式道ならし機 自行式平地机
	ロードローラー 压路机	振動式ロードローラー 振动式压路机
		静作用式ロードローラー 静作用式压路机
	除雪機 除雪机	ホイール式除雪機 轮子式除雪机
		スノーブラウ式除雪機 犁式除雪机

（续表）

グループ/组	タイプ/型	製品/产品
フィールドビルディングシティ機械 野战筑城机械	塹壕掘り機 挖壕机	クローラ式塹壕掘り機 履带式挖壕机
		ホイール式塹壕掘り機 轮式挖壕机
	溝掘り機 挖坑机	クローラ式溝掘り機 履带式挖坑机
		ホイール式溝掘り機 轮式挖坑机
	ショベル 挖掘机	クローラ式ショベル 履带式挖掘机
		ホイール式ショベル 轮式挖掘机
		マウンテンショベル 山地挖掘机
	野戦工事作業機械 野战工事作业机械	野戦工事作業車 野战工事作业车
		山岳ジャングル作業機 山地丛林作业机
	ドリリング工具 钻孔机具	穴掘削機 土钻
		快速成孔ドリリング機 快速成孔钻机
	凍土用作業機械 冻土作业机械	機爆発式塹壕掘り機 机-爆式挖壕机
		凍土用穿孔機 冻土钻井机
永久都市ビル機械 永备筑城机械	空気岩ドリル 凿岩机	空気岩ドリル 凿岩机
		ジャンボドリル 凿岩台车
	圧縮空気機 空压机	電動機式圧縮空気機 电动机式空压机
		内燃機式圧縮空気機 内燃机式空压机
	坑道換気装置 坑道通风机	坑道換気装置 坑道通风机
	坑道共同掘り進機 坑道联合掘进机	坑道共同掘り進機 坑道联合掘进机

60

（续表）

グループ/組	タイプ/型	製品/产品
永久都市ビル機械 永备筑城机械	坑道ロックローダー 坑道装岩机	坑道式ロックローダー 坑道式装岩机
		タッヤ式ロックローダー 轮胎式装岩机
	坑道被覆機械 坑道被覆机械	金型台車 钢模台车
		コンクリート注ぎ装置 混凝土浇注机
		コンクリート噴射機 混凝土喷射机
	粗砕機 碎石机	ジョークラッシャー式粗砕機 颚式碎石机
		円錐クラッシャー式粗砕機 圆锥式碎石机
		ローラー式粗砕機 辊式碎石机
		ハンマー式粗砕機 锤式碎石机
	スクリーナー 筛分机	ドラム式スクリーナー 滚筒式筛分机
	コンクリートかき混ぜ機 混凝土搅拌机	転倒式コンクリートかき混ぜ機 倒翻式凝土搅拌机
		傾斜式コンクリートかき混ぜ機 倾斜式凝土搅拌机
		回転式コンクリートかき混ぜ機 回转式凝土搅拌机
	鉄筋コンクリート加工機械 钢筋加工机械	鉄筋コンクリート矯正切断機 直筋-切筋机
		アングルベンダー 弯筋机
	木材加工機械 木材加工机械	モーターサイクル鋸 摩托锯
		円型鋸機 圆锯机
布き雷 探し雷 機雷除去機 布、探、扫雷机械	機雷敷設機械 布雷机械	クローラ式機雷敷設車 履带式布雷车
		タイヤ式機雷敷設車 轮胎式布雷车

(续表)

グループ/组	タイプ/型	製品/产品
布き雷 探し雷 機雷除去機 布、探、扫雷机械	地雷探知機 探雷机械	道路地雷探知車 道路探雷车
	機雷除去機 扫雷机械	機械式機雷除去車 机械式扫雷车
		総合式機雷除去車 综合式扫雷车
架橋作業機械 架桥机械	架橋作業機械 架桥作业机械	架橋作業車 架桥作业车
	機械化橋 机械化桥	クローラ式機械化橋 履带式机械化桥
		タイヤ式機械化橋 轮胎式机械化桥
	杭打ち機械 打桩机械	杭打ち機 打桩机
野戦給水機械 野战给水机械	水源偵察車 水源侦察车	水源偵察車 水源侦察车
	ドリリング機 钻井机	回転式ドリリング機 回转式钻井机
		衝撃式ドリリング機 冲击式钻井机
	くみ上げ機械 汲水机械	内燃式吸い上げポンプ 内燃抽水机
		電動式吸い上げポンプ 电动抽水机
	浄水機械 净水机械	自動式浄水機械 自行式净水车
		牽引式浄水機械 拖式净水车
偽装機械 伪装机械	偽装探査車 伪装勘测车	偽装探査車 伪装勘测车
	偽装作業車 伪装作业车	迷彩偽装作業車 迷彩作业车
		偽目標作業車 假目标制作车
		遮り物(高空)作業車 遮障(高空)作业车

(续表)

グループ/组	タイプ/型	製品/产品
保障作業車 保障作业车辆	移動式発電機 移动式电站	自動式移動式発電機 自行式移动式电站
		牽引式移動式発電機 拖式移动式电站
	金木工事作業車 金木工程作业车	金木工事作業車 金木工程作业车
	クレーン 起重机械	クルマクレーン 汽车起重机
		タイヤ式クレーン 轮胎式起重机
	油圧点検車 液压检修车	油圧点検車 液压检修车
	工事機械修理車 工程机械修理车	工事機械修理車 工程机械修理车
	専用牽引車 专用牵引车	専用牽引車 专用牵引车
	電源車 电源车	電源車 电源车
	気源車 气源车	気源車 气源车
その他の軍用 建設機械 其他军用工程 机械		

63

18 エレベーターとエスカレーター 电梯及扶梯

グループ/组	タイプ/型	製品/产品
エレベーター 电梯	乗客エレベーター 乘客电梯	乗客交流電気エレベーター 交流乘客电梯
		乗客直流電気エレベーター 直流乘客电梯
		乗客油圧電気エレベーター 液压乘客电梯
	貨物エレベーター 载货电梯	貨物交流電気エレベーター 交流载货电梯
		貨物油圧電気エレベーター 液压载货电梯

グループ/组	タイプ/型	製品/产品
エレベーター 电梯	乗客と貨物入一緒に エレベーター 客货电梯	乗客と貨物入一緒に交流電気 エレベーター 交流客货电梯
		乗客と貨物入一緒に直流電気 エレベーター 直流客货电梯
		乗客と貨物入一緒に油圧電気 エレベーター 液压客货电梯
	病床エレベーター 病床电梯	病床交流電気エレベーター 交流病床电梯
		病床油圧電気エレベーター 液压病床电梯
	住宅エレベーター 住宅电梯	住宅交流電気エレベーター 交流住宅电梯
	雑物エレベーター 杂物电梯	雑物交流電気エレベーター 交流杂物电梯
	観光エレベーター 观光电梯	観光交流電気エレベーター 交流观光电梯
		観光直流電気エレベーター 直流观光电梯
		観光液圧電気エレベーター 液压观光电梯
	船用エレベーター 船用电梯	船用交流電気エレベーター 交流船用电梯
		船用油圧電気エレベーター 液压船用电梯
	車両用エレベーター 车辆用电梯	車両用交流電気エレベーター 交流车辆用电梯
		車両用液圧電気エレベーター 液压车辆用电梯
	爆発防止エレベー ーター 防爆电梯	爆発防止エレベーター 防爆电梯
エスカレーター 自动扶梯	普通型エスカレ ーター 普通型自动扶梯	普通型チエーン式エスカレーター 普通型链条式自动扶梯
		普通型ラック式エスカレーター 普通型齿条式自动扶梯

（续表）

グループ/组	タイプ/型	製品/产品
エスカレーター 自动扶梯	公共交通型エスカレーター 公共交通型自动扶梯	公共交通型チエーン式エスカレーター 公共交通型链条式自动扶梯
		公共交通型ラック式エスカレーター 公共交通型齿条式自动扶梯
	螺旋形エスカレーター 螺旋形自动扶梯	螺旋形エスカレーター 螺旋形自动扶梯
自動歩道 自动人行道	普通型自動歩道 普通型自动人行道	普通型ペダル式自動歩道 普通型踏板式自动人行道
		普通型テープロール式自動歩道 普通型胶带滚筒式自动人行道
	公共交通型自動歩道 公共交通型自动人行道	公共交通型ペダル式自動歩道 公共交通型踏板式自动人行道
		公共交通型テープロール式自動歩道 公共交通型胶带滚筒式自动人行道
その他のエスカレーターとエレベーター 其他电梯及扶梯		

19　工程機械セット　工程机械配套件

グループ/组	タイプ/型	製品/产品
動力システム 动力系统	内燃機 内燃机	ディーゼルエンジン 柴油发动机
		ガソリンエンジン 汽油发动机
		ガスエンジン 燃气发动机
		両動力エンジン 双动力发动机
	動力蓄電池グループ 动力蓄电池组	動力蓄電池グループ 动力蓄电池组
	附属装置 附属装置	放熱箱(水箱) 水散热箱(水箱)
		オイル冷却器 机油冷却器

グループ/组	タイプ/型	製品/产品
動力システム 动力系统	附属装置 附属装置	冷却ファン 冷却风扇
		燃料タンク 燃油箱
		ターボブースター 涡轮增压器
		エアクリーナー 空气滤清器
		オイルフィルター 机油滤清器
		ディーゼルフィルター 柴油滤清器
		排気グクトアヤンブリ（マフラ） 排气管（消声器）总成
		エアコンプレッサー 空气压缩机
		発電機 发电机
		運転モーター 启动马达
伝動システム 传动系统	クラッチ 离合器	乾式クラッチ 干式离合器
		湿式クラッチ 湿式离合器
	トルクコンハーター 变矩器	液力トルクコンハーター 液力变矩器
		液力結合器 液力耦合器
	変速器 变速器	機械式変速器 机械式变速器
		パワーシフト変速器 动力换挡变速器
		電気油圧シフト変速器 电液换挡变速器
	駆動モータ 驱动电机	直流電気モータ 直流电机
		交流電気モータ 交流电机

66

グループ/组	タイプ/型	製品/产品
伝動システム 传动系统	伝動軸装置 传动轴装置	伝動軸 传动轴
		カップリング 联轴器
	駆動橋 驱动桥	駆動橋 驱动桥
	減速器 减速器	終ドライブ 终传动
		ホイール減速 轮边减速
油圧シール装置 液压密封装置	シリンダー 油缸	中低圧シリンダー 中低压油缸
		高圧シリンダー 高压油缸
		超高圧シリンダー 超高压油缸
	液圧ポンプ 液压泵	歯車ポンプ 齿轮泵
		翼ポンプ 叶片泵
		プランジャーポンプ 柱塞泵
	液圧モーター 液压马达	歯車モーター　駆動モーター 工作装置モーター プランジャーモーター 齿轮马达(驱动　工作装置　柱塞)马达
	油圧弁 液压阀	油圧多重変換弁 液压多路换向阀
		圧力制御弁 压力控制阀
		流量制御弁 流量控制阀
		パイロットバルブ 液压先导阀
	液圧減速器 液压减速机	走行液圧減速器 行走减速机
		回転液圧減速機 回转减速机

（续表）

グループ/组	タイプ/型	製品/产品
油圧シール装置 液压密封装置	蓄ネルギー器 蓄能器	蓄ネルギー器 蓄能器
	中央回転体 中央回转体	中央回転体 中央回转体
	油圧パイプ 液压管件	高圧ホース 高压软管
		低圧ホース 低压软管
		高温低圧ホース 高温低压软管
		液圧金属チューブ 液压金属连接管
		液圧パイプ継手 液压管接头
	油圧システム 附属品 液压系统附件	油圧油オイルクリーナー 液压油滤油器
		油圧油ラジエーター 液压油散热器
		液圧油タンク 液压油箱
	気密装置 密封装置	オイルシール 动油封件
		固定シール 固定密封件
ブレーキシステム 制动系统	空気タンク 贮气筒	空気タンク 贮气筒
	気動弁 气动阀	気動方向転換弁 气动换向阀
		気動圧力制御弁 气动压力控制阀
	加力ポンプアセンブリー 加力泵总成	加力ポンプアセンブリー 加力泵总成
	エアブレーキチューブ 气制动管件	気動チューブ 气动软管
		気動金属チューブ 气动金属管
		気動パイプ継手 气动管接头

（续表）

グループ/组	タイプ/型	製品/产品
ブレーキシステム 制动系统	油水分離器 油水分离器	油水分離器 油水分离器
	制動ポンプ 制动泵	制動ポンプ 制动泵
	ブレーキ 制动器	駐車ブレーキ 驻车制动器
		ティスク式ブレーキ 盘式制动器
		ベルト式ブレーキ 带式制动器
		湿式ティスク式ブレーキ 湿式盘式制动器
走行装置 行走装置	タイヤアセンブリ 轮胎总成	ソリッドタイヤ 实心轮胎
		空気入れタイヤ 充气轮胎
	ホイールリムアセンブリー 轮辋总成	ホイールリムアセンブリー 轮辋总成
	タイヤ滑り止めチューン 轮胎防滑链	タイヤ滑り止めチューン 轮胎防滑链
	クローラアセンブリ 履带总成	標準クローラアセンブリ 普通履带总成
		湿式クローラアセンブリ 湿式履带总成
		ゴムクローラアセンブリ 橡胶履带总成
		三連クローラアセンブリ 三联履带总成
	フォホイール 四轮	下ローラアセンブリ 支重轮总成
		ドラッグチューン輪アセンブリ 拖链轮总成
		とラッグ輪アセンブリ 引导轮总成
		駆動輪アセンブリ 驱动轮总成
	クローラ張締め装置アセンブリ 履带张紧装置总成	クローラ張締め装置アセンブリ 履带张紧装置总成

69

グループ/组	タイプ/型	製品/产品
ステアリングシ ステム 转向系统	ステアリング器 アセンブリ 转向器总成	ステアリング器アセンブリ 转向器总成
	ステアリング橋 转向桥	ステアリング橋 转向桥
	ステアリング操作 装置 转向操作装置	ステアリング装置 转向装置
フレーム 及び作業装置 车架及工作装置	フレーム 车架	フレーム 车架
		回転支持フレーム 回转支撑
		運転室 驾驶室
		運転席アセンブリ 司机座椅总成
	作業装置 工作装置	ブーム 动臂
		アームピボット 斗杆
		シャベル 铲/挖斗
		バケットリップ 斗齿
		チップ 刀片
	カウンターウェイト 配重	カウンターウェイト 配重
	戸棚システム 门架系统	戸棚 门架
		チェーン 链条
		バレットフォーク 货叉
	吊り下げ作業装置 吊装装置	フック 吊钩
		腕輪 臂架
	振動装置 振动装置	振動装置 振动装置

グループ/组	タイプ/型	製品/产品
電器装置 电器装置	電気制御システムアセンブリ 电控系统总成	電気制御システムアセンブリ 电控系统总成
	組み合わせ計器アセンブリ 组合仪表总成	組み合わせ計器アセンブリ 组合仪表总成
	モニタアセンブリ 监控器总成	モニタアセンブリ 监控器总成
	計器 仪表	時計器 计时表
		速度計器 速度表
		温度計器 温度表
		油圧計器 油压表
		空気圧計器 气压表
		油分計器 油位表
		電流計器 电流表
		電圧計器 电压表
	警報器 报警器	運転警報器 行车报警器
		バックベル警報器 倒车报警器
	車ライト 车灯	投光車ライト 照明灯
		方向指示車ライト 转向指示灯
		ブレーキランプ 刹车指示灯
		霧車ライト 雾灯
		運転室ヘッドライト 司机室顶灯

グループ/组	タイプ/型	製品/产品
電器装置 电器装置	エアコン 空调器	エアコン 空调器
	暖風機 暖风机	暖風機 暖风机
	扇風機 电风扇	扇風機 电风扇
	ヘイキ機 刮水器	ヘイキ機 刮水器
	蓄電池 蓄电池	蓄電池 蓄电池
専用アタッチメント 专用属具	油圧ハンマ 液压锤	油圧ハンマ 液压锤
	油圧カット 液压剪	油圧カット 液压剪
	油圧クランプ 液压钳	油圧クランプ 液压钳
	土かき器 松土器	土かき器 松土器
	木挟みフォーク 夹木叉	木挟みフォーク 夹木叉
	フォークリフト専用 付属品 叉车专用属具	フォークリフト専用付属品 叉车专用属具
	その他付属品 其他属具	その他付属品 其他属具
その他のセット 其他配套件		

20 その他の専用工事機械セット 其他专用工程机械

グループ/组	タイプ/型	製品/产品
発電所専用工事機械 电站专用工程机械	プルアップ式タワークレーン 扳起式塔式起重机	発電所専用プルアップ式タワークレーン 电站专用扳起式塔式起重机
	リフト式タワークレーン 自升式塔式起重机	発電所専用リフト式タワークレーン 电站专用自升塔式起重机

グループ/组	タイプ/型	製品/产品
発電所専用工事機械 电站专用工程机械	ボイラートップクレーン 锅炉炉顶起重机	発電所専用ボイラートップクレーン 电站专用锅炉炉顶起重机
	ゲートクレーン 门座起重机	発電所専用ゲートクレーン 电站专用门座起重机
	クローラ式クレーン 履带式起重机	発電所専用クローラ式クレーン 电站专用履带式起重机
	ガントリ式クレーン 龙门式起重机	発電所専用ガントリ式クレーン 电站专用龙门式起重机
	ケーブルクレーン 缆索起重机	発電所専用ケーブルクレーン 电站专用平移式高架缆索起重机
	昇降装置 提升装置	発電所専用鋼索油圧昇降装置 电站专用钢索液压提升装置
	工事リフト 施工升降机	発電所専用工事リフト 电站专用施工升降机
		曲線工事エレベーター 曲线施工电梯
	コンクリート混合棟 混凝土搅拌楼	発電所専用コンクリート混合棟 电站专用混凝土搅拌楼
	コンクリート混合ステーション 混凝土搅拌站	発電所専用コンクリート混合ステーション 电站专用混凝土搅拌站
	塔帯機 塔带机	タワー式タムベルト生地機 塔式皮带布料机
軌道交通の施工とメンテナンス設備 轨道交通施工与养护工程机械	橋梁建設機械 架桥机	高速旅客専用線コンクリート箱桁用橋梁建設機械 高速客运专线混凝土箱梁架桥机
		高速旅客専用線ガイドレスコンクリート箱桁用橋梁建設機械 高速客运专线无导梁式混凝土箱梁架桥机
		高速旅客専用線梁式コンクリート箱桁用橋梁建設機械 高速客运专线导梁式混凝土箱梁架桥机
		高速旅客専用線下ガイド梁コンクリート箱桁用橋梁建設機械 高速客运专线下导梁式混凝土箱梁架桥机

(续表)

グループ/组	タイプ/型	製品/产品
軌道交通の施工とメンテナンス設備 轨道交通施工与养护工程机械	橋梁建設機械 架桥机	高速旅客専用線レール走行シフト式コンクリート箱桁用橋梁建設機械 高速客运专线轮轨走行移位式混凝土箱梁架桥机
		ランニング変位型ゴムホイールコンクリート箱桁用橋梁建設機械 实胶轮走行移位式混凝土箱梁架桥机
		混合ランニング変位型コンクリート箱桁用橋梁建設機械 混合走行移位式混凝土箱梁架桥机
		高速旅客専用線二重線箱桁用トンネル橋梁建設機械 高速客运专线双线箱梁过隧道架桥机
		普通鉄道コンクリートT形用橋梁建設機械 普通铁路 T 梁架桥机
		普通鉄道公鉄ニ用コンクリートT形用橋梁建設機械 普通铁路公铁两用 T 梁架桥机
	トラックボックス桁タイヤキャリアー運梁車 运梁车	高速旅客専用線コンクリート箱桁用ツイントラックボックス桁タイヤキャリアー 高速客运专线混凝土箱梁双线箱梁轮胎式运梁车
		高速旅客専用線トンネル二重線箱桁用ツイントラックボックス桁タイヤキャリアー 高速客运专线过隧道双线箱梁轮胎式运梁车
		高速旅客専用線単線箱桁用ツイントラックボックス桁タイヤキャリアー 高速客运专线单线箱梁轮胎式运梁车
		普通鉄道軌道式T形用ツイントラックボックス桁タイヤキャリアー 普通铁路轨行式 T 梁运梁车
	梁場用リフト 梁场用提梁机	タイヤ式梁場用リフト 轮胎式提梁机
		軌道式梁場用リフト 轮轨式提梁机

74

グループ/组	タイプ/型	製品/产品
軌道交通の施工とメンテナンス設備 轨道交通施工与养护工程机械	軌道上部構造製屋設備 轨道上部结构制运铺设备	クズ線路の長い軌道単枕法運送屋設備 有砟线路长轨单枕法运铺设备
		無傷軌道システムの製運送屋設備 无砟轨道系统制运铺设备
		無傷板式軌道システムの製運送屋設備 无砟板式轨道系统制运铺设备
		無傷軌道システムの製運送屋設備 无砟轨道系统制运铺设备
		無傷板式軌道システムの製運送屋設備 无砟板式轨道系统制运铺设备
	バラスト設備の施工とメンテナンス設備 道砟设备养护用设备系列	特殊バラストトラック 专用运道砟车
		バラストシェーピンダ 配砟整形机
		ロードタンパ 道砟捣固机
		バラスト洗浄機 道砟清筛机
	電気化回路の施工とメンテナンス設備 电气化线路施工与养护设备	接触網ピラー掘削装置 接触网立柱挖坑机
		接触網ピラーの立てり設備 接触网立柱竖立设备
		接触網架線車 接触网架线车
水利専用工事機械 水利专用工程机械	水利専用工事機械 水利专用工程机械	水利専用工事機械 水利专用工程机械
鉱山専用工事機械 矿山专用工程机械	鉱山専用工事機械 矿山专用工程机械	鉱山専用工事機械 矿山专用工程机械
その他の工事機械 其他工程机械		

75